はじめに

JN065342

多くの書籍の中から、「これだけ覚えて!仕事がはかどるExcel関数 Office 2021／Microsoft 365対応」を手に取っていただき、ありがとうございます。

本書は、業務などでExcelの関数を活用したい方を対象に、ビジネスシーンでよく使う関数の使い方を習得していただくことを目的としています。

持ち運びに便利なポケットサイズなので、通勤・通学の途中や勤務中など、場所を選ばずに本書を開いてお使いいただけます。

本書は、根強い人気の「よくわかる」シリーズの開発チームが、積み重ねてきたノウハウをもとに作成しており、自己学習やリファレンス用途などにご利用いただけます。

本書を学習することで、Excelの関数の知識を深め、実務にいかしていただければ幸いです。

なお、Excelの基本機能の習得には、次のテキストをご利用ください。

「よくわかる Microsoft Excel 2021基礎 Office 2021／Microsoft 365対応」
（FPT2204）

「よくわかる Microsoft Excel 2021応用 Office 2021／Microsoft 365対応」
（FPT2205）

本書を購入される前に必ずご一読ください

本書に記載されている操作方法は、2023年5月現在の次の環境で動作確認しております。
- Windows 11（バージョン22H2　ビルド22621.1555）
- Excel 2021（バージョン2303　ビルド16.0.16227.20202）
- Microsoft 365のExcel（バージョン2302　ビルド16.0.16130.20156）

本書発行後のWindowsやOfficeのアップデートによって機能が更新された場合には、本書の記載のとおりに操作できなくなる可能性があります。あらかじめご了承のうえ、ご購入・ご利用ください。

2023年7月9日
FOM出版

◆Microsoft、Excel、Microsoft 365、OneDrive、Windowsは、マイクロソフトグループの企業の商標です。
◆QRコードは、株式会社デンソーウェーブの登録商標です。
◆その他、記載されている会社および製品などの名称は、各社の登録商標または商標です。
◆本文中では、TMや®は省略しています。
◆本文中のスクリーンショットは、マイクロソフトの許諾を得て使用しています。
◆本文およびデータファイルで題材として使用している個人名、団体名、商品名、ロゴ、連絡先、メールアドレス、場所、出来事などは、すべて架空のものです。実在するものとは一切関係ありません。
◆本書に掲載されているホームページやサービスは、2023年5月現在のもので、予告なく変更される可能性があります。

目次

第6章　検索/行列関数 ………………………………… 123

本書をご利用いただく前に

本書で学習を進める前に、ご一読ください。

関数の基礎知識
数学／三角
論理
日付／時刻
統計
検索／行列
情報
財務
文字列操作
データベース
エンジニアリング
索引

1 本書の記述について

操作の説明のために使用している記号には、次のような意味があります。

記述	意味	例
☐	キーボード上のキーを示します。	Ctrl Shift
☐＋☐	複数のキーを押す操作を示します。	Shift＋F3 （Shiftを押しながらF3を押す）
《　》	ダイアログボックス名やタブ名、項目名など画面の表示を示します。	《OK》をクリック
「　」	重要な語句や機能名、画面の表示などを示します。	「売上金額」の多い順に…

スピル対応 スピルで結果が表示される関数

OPEN » 学習の前に開くファイル・シート

使用例 関数の使用例

POINT 知っておくべき重要な内容

※ 補足的な内容や注意すべき内容

2 製品名の記載について

本書では、次の名称を使用しています。

正式名称	本書で使用している名称
Windows 11	Windows 11　または　Windows
Microsoft Excel 2021	Excel 2021　または　Excel

本書を学習するには、次のソフトが必要です。

また、インターネットに接続できる環境で学習することを前提にしています。

Excel 2021　または　Microsoft 365のExcel

◆本書の開発環境

本書を開発した環境は、次のとおりです。

OS	Windows 11 Pro（バージョン22H2　ビルド22621.1555）
アプリ	Microsoft Office Professional 2021 Excel 2021（バージョン2303　ビルド16.0.16227.20202）
ディスプレイの解像度	1280×768ピクセル
その他	・WindowsにMicrosoftアカウントでサインインし、インターネットに 　接続した状態 ・OneDriveと同期していない状態

※本書は、2023年5月時点のExcel 2021またはMicrosoft 365のExcelに基づいて解説しています。
今後のアップデートによって機能が更新された場合には、本書の記載のとおりに操作できなくな
る可能性があります。

POINT **OneDriveの設定**

WindowsにMicrosoftアカウントでサインインすると、同期が開始され、パソコンに保存した
ファイルがOneDriveに自動的に保存されます。初期の設定では、デスクトップ、ドキュメント、
ピクチャの3つのフォルダーがOneDriveと同期するように設定されています。
本書はOneDriveと同期していない状態で操作しています。
OneDriveと同期している場合は、一時的に同期を停止すると、本書の記載と同じ手順で学
習できます。
OneDriveとの同期を一時停止および再開する方法は、次のとおりです。

一時停止

◆通知領域の ☁ (OneDrive) → ⚙ (ヘルプと設定) → 《同期の一時停止》→停止する時間
を選択

※時間が経過すると自動的に同期が開始されます。

再開

◆通知領域の ☁ (OneDrive) → ⚙ (ヘルプと設定) → 《同期の再開》

◆Officeの種類に伴う注意事項

Microsoftが提供するOfficeには「**ボリュームライセンス（LTSC）版**」「**プレインストール版**」「**POSAカード版**」「**ダウンロード版**」「**Microsoft 365**」などがあり、画面やコマンドが異なることがあります。

本書はダウンロード版をもとに開発しています。ほかの種類のOfficeで操作する場合は、ポップヒントに表示されるボタン名を参考に操作してください。

◆アップデートに伴う注意事項

WindowsやOfficeは、アップデートによって不具合が修正され、機能が向上する仕様となっています。そのため、アップデート後に、コマンドなどの名称が変更される場合があります。

本書に記載されているコマンドなどの名称が表示されない場合は、掲載画面の色が付いている位置を参考に操作してください。

※本書の最新情報については、P.6に記載されているFOM出版のホームページにアクセスして確認してください。

POINT お使いの環境のバージョン・ビルド番号を確認する

WindowsやOfficeはアップデートにより、バージョンやビルド番号が変わります。
お使いの環境のバージョン・ビルド番号を確認する方法は、次のとおりです。

Windows 11

◆ ■（スタート）→《設定》→《システム》→《バージョン情報》

Office 2021

◆《ファイル》タブ→《アカウント》→《（アプリ名）のバージョン情報》

※お使いの環境によっては、《アカウント》が表示されていない場合があります。その場合は、《その他》→《アカウント》をクリックします。

---

4 学習ファイルのダウンロードについて

本書で使用する学習ファイルは、FOM出版のホームページで提供しています。

ホームページアドレス

https://www.fom.fujitsu.com/goods/

※アドレスを入力するとき、間違いがないか確認してください。

ホームページ検索用キーワード

FOM出版

◆ ダウンロード

学習ファイルをダウンロードする方法は、次のとおりです。

① ブラウザーを起動し、FOM出版のホームページを表示します。

※アドレスを直接入力するか、キーワードでホームページを検索します。

②《**ダウンロード**》をクリックします。

③《**アプリケーション**》の《**Excel**》をクリックします。

④《**これだけ覚えて！仕事がはかどるExcel関数 Office 2021／Microsoft 365 対応　FPT2305**》をクリックします。

⑤《**書籍学習用データ**》の「**fpt2305.zip**」をクリックします。

⑥ ダウンロードが完了したら、ブラウザーを終了します。

※ダウンロードしたファイルは、パソコン内のフォルダー《ダウンロード》に保存されます。

◆ ダウンロードしたファイルの解凍

ダウンロードしたファイルは圧縮されているので、解凍（展開）します。

ダウンロードしたファイル「**fpt2305.zip**」を《**ドキュメント**》に解凍する方法は、次のとおりです。

① デスクトップ画面を表示します。

② タスクバーの 🖿 （エクスプローラー）をクリックします。

③ 左側の一覧から《**ダウンロード**》をクリックします。

④ ファイル「**fpt2305**」を右クリックします。

⑤《**すべて展開**》をクリックします。

⑥《**参照**》をクリックします。

⑦ 左側の一覧から《**ドキュメント**》をクリックします。

⑧《**フォルダーの選択**》をクリックします。

⑨《**ファイルを下のフォルダーに展開する**》が「**C：¥Users¥（ユーザー名）¥ Documents**」に変更されます。

⑩《**完了時に展開されたファイルを表示する**》を ✔ にします。

⑪《**展開**》をクリックします。

⑫ ファイルが解凍され、《**ドキュメント**》が開かれます。

⑬ フォルダー「**仕事がはかどるExcel関数2021／365**」が表示されていることを確認します。

※すべてのウィンドウを閉じておきましょう。

◆ 学習ファイルの一覧

フォルダー「仕事がはかどるExcel関数2021／365」には、学習ファイルが入っています。タスクバーの ■ (エクスプローラー) →《ドキュメント》をクリックし、一覧からフォルダーを開いて確認してください。

❶ フォルダー「学習用」

操作するファイルが収録されています。

❷ フォルダー「完成」

使用例の完成後のファイルが収録されています。

◆ 学習ファイルの場所

本書では、学習ファイルの場所を《ドキュメント》内のフォルダー「**仕事がはかどるExcel関数2021／365**」としています。《**ドキュメント**》以外の場所に解凍した場合は、フォルダーを読み替えてください。

◆ 学習ファイル利用時の注意事項

編集を有効にする

ダウンロードした学習ファイルを開く際、そのファイルが安全かどうかを確認するメッセージが表示される場合があります。学習ファイルは安全なので、《**編集を有効にする**》をクリックして、編集可能な状態にしてください。

> ⓘ 保護ビュー　注意―インターネットから入手したファイルは、ウイルスに感染している可能性があります。編集する必要がなければ、保護ビューのままにしておくことをお勧めします。　編集を有効にする(E)　✕

自動保存をオフにする

学習ファイルをOneDriveと同期されているフォルダーに保存すると、初期の設定では自動保存がオンになり、一定の時間ごとにファイルが自動的に上書き保存されます。自動保存によって、元のファイルを上書きしたくない場合は、自動保存をオフにしてください。

5 　Microsoft 365での操作方法

本書はOffice 2021の操作方法をもとに記載していますが、Microsoft 365の
Excelでもお使いいただけます。アップデートによって機能が更新された場合は、
ご購入者特典として、FOM出版のホームページで操作方法をご案内いたします。

◆スマートフォン・タブレットで表示する

①スマートフォン・タブレットで右のQRコードを読み取ります。

②《ご購入者特典を見る》を選択します。

③本書に関する質問に回答します。

④《Microsoft 365での操作方法を見る》を選択します。

◆パソコンで表示する

①ブラウザーを起動し、次のホームページを表示します。

> https://www.fom.fujitsu.com/goods/

※アドレスを入力するとき、間違いがないか確認してください。

②《ダウンロード》を選択します。

③《アプリケーション》の《Excel》を選択します。

④《これだけ覚えて!仕事がはかどるExcel関数 Office 2021／Microsoft 365
　対応　FPT2305》を選択します。

⑤《ご購入者特典を見る》を選択します。

⑥本書に関する質問に回答します。

⑦《Microsoft 365での操作方法を見る》を選択します。

6 　本書の最新情報について

本書に関する最新のQ&A情報や訂正情報、重要なお知らせなどについては、
FOM出版のホームページでご確認ください。

ホームページアドレス

> https://www.fom.fujitsu.com/goods/

※アドレスを入力するとき、間違いがないか確認してください。

ホームページ検索用キーワード

> FOM出版

第 1 章

関数の基礎知識

関数とは

「**関数**」を使うと、よく使う計算や処理を簡単に行うことができます。演算記号を使って数式を入力する代わりに、括弧内に必要な「**引数**」を指定して計算を行います。手間のかかる複雑な計算や、具体的な計算方法のわからない難しい計算なども、目的に合った関数を使えば、簡単に計算結果を求めることができます。

関数には、次のような決まりがあります。

= 関数名（引数1, 引数2, ･･･引数n）
❶ ❷ ❸

---

❶ 先頭に「＝（等号）」を入力します。

「＝」を入力することで、数式であることを示します。

❷ 関数名を入力します。

※関数名は半角の英字で入力します。大文字でも小文字でもかまいません。

❸ 引数を「( )（括弧）」で囲み、各引数は「,（カンマ）」で区切ります。

引数には計算対象となる値またはセル、セル範囲、範囲の名前など、関数を実行するために必要な情報を入力します。

※関数によって、指定する引数は異なります。
※引数が不要な関数でも「( )」は必ず入力します。

2 演算子とは

「**演算子**」とは、数値を足したり掛けたりする四則計算や、セルを参照するのに使う記号のことです。Excelでは、演算子を組み合わせて数式を作成します。演算子には、次のようなものがあります。

●算術演算子

演算記号	意味	例
＋（プラス）	加算	A1＋A2
－（マイナス）	減算	A2－A1
＊（アスタリスク）	乗算	A1＊A2
／（スラッシュ）	除算	A2/A1
％（パーセント）	パーセンテージ	5％
＾（ハットマークまたはキャレット）	べき算	A1^2（A1の2乗）

●比較演算子

演算記号	意味	例
＝　（等号）	左辺と右辺が等しい	A1＝A2
＞　（〜より大きい）	左辺が右辺より大きい	A1＞A2
＜　（〜より小さい）	左辺が右辺より小さい	A1＜A2
＞＝（〜以上）	左辺が右辺以上である	A1＞＝A2
＜＝（〜以下）	左辺が右辺以下である	A1＜＝A2
＜＞（不等号）	左辺と右辺が等しくない	A1＜＞A2

●文字列演算子

演算記号	意味	例
＆（アンパサンド）	複数の文字列の連結	A1＆A2

● 参照演算子

演算記号	意味	例
, (カンマ)	隣接していない複数のセル指定	A1,A10 セル【A1】とセル【A10】が指定される。
: (コロン)	隣接している複数のセル指定	A1:A10 セル範囲【A1:A10】が指定される。
半角空白	複数の選択範囲のうち、重なり合う範囲を指定	A1:A5 A3:A10 セル範囲【A1:A5】とセル範囲【A3:A10】の選択範囲のうち、重なり合うセル範囲【A3:A5】が指定される。

POINT 演算子を使った数式と関数を使った数式の違い

Excelで計算を行う手段として、演算子を使う方法と関数を使う方法があります。同じ結果を求める場合、演算子を使うと数式が長くなったり、セルの参照を間違えてしまったりすることがありますが、関数を使うと長い数式が短くなり、入力も簡単になります。

例)
セル【A1】からセル【A10】までの合計を求める場合

◆演算子を使う
=A1+A2+A3+A4+A5+A6+A7+A8+A9+A10

◆関数を使う
=SUM(A1:A10)

関数の基礎知識

数学/三角

論理

日付/時刻

統計

検索/行列

情報

財務

文字列/操作

データベース

エンジニアリング

索引

3 関数の入力 −直接入力−

操作 「＝」を入力→関数を入力

関数を直接入力するには、セルまたは数式バーに入力します。入力中に、関数に必要な引数がポップヒントで表示されます。関数の名前や引数に何を指定すればよいかがわかっているのであれば、直接入力した方が効率的な場合があります。

OPEN ≫ 第1章 シート「1-3」

C9		✓ : × ✓ fx	=SUM(C4:C8)	
	A	B	C	D	E
1		経費予算実績表			
2				単位：千円	
3		費目名	予算	実績	
4		拡販費	1,100	1,000	
5		印刷費	120	100	
6		事務用具費	60	50	
7		交際費	100	70	
8		雑費	200	130	
9		合計	=SUM(C4:C8)		
10					

① 関数を入力するセルを選択し、「＝」を入力
② 「＝」に続けて関数名と引数を入力

$$=SUM(C4:C8)$$

※ ここでは、SUM関数を使い経費の予算合計を求めます。
※ 関数名のうしろに「 (」を入力すると、引数の順番を示すポップヒントが表示されます。

C10		✓ : × ✓ fx		
	A	B	C	D	E
1		経費予算実績表			
2				単位：千円	
3		費目名	予算	実績	
4		拡販費	1,100	1,000	
5		印刷費	120	100	
6		事務用具費	60	50	
7		交際費	100	70	
8		雑費	200	130	
9		合計	1,580		
10					
11					

③ Enter を押す
④ セルに計算結果が表示される

11

POINT 数式オートコンプリート

「数式オートコンプリート」を使うと、関数を簡単に入力できます。入力ミスやエラーを防ぐのに役立ちます。

「＝」に続けて英字を入力すると、その英字で始まる関数名が一覧で表示されます。関数名をクリックすると、ポップヒントに関数の説明が表示されます。一覧の関数名をダブルクリックするか [Tab] を押すと、関数名と「（（括弧）」が自動的に入力されます。

POINT 数式の確認

数式を入力すると、セルには計算結果が表示されます。数式を確認するときは、数式を入力したセルを選択し、数式バーで確認します。

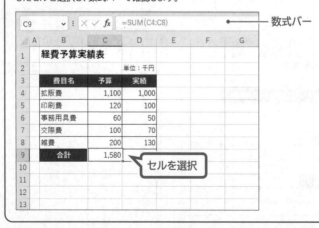

関数の
基礎知識

数学/三角

論理

日付/時刻

統計

検索/行列

情報

財務

文字列操作

データベース

エンジニアリング

索引

4 関数の入力-《関数の挿入》ダイアログボックス-

操作 数式バーの f_x（関数の挿入）

《関数の挿入》ダイアログボックスを使うと、ダイアログボックス上で関数や引数の説明を確認しながら、関数を入力できます。関数の使い方がよくわからない場合に活用できます。また、関数名や、引数の区切りの「**,（カンマ）**」の入力ミスなどを防ぐこともできます。

OPEN 》 第1章 シート「1-4」

	A	B	C	D	E	F
1		経費予算実績表				
2				単位：千円		
3		費目名	予算	実績		
4		拡販費	1,100	1,000		
5		印刷費	120	100		
6		事務用具費	60	50		
7		交際費	100	70		
8		雑費	200	130		
9		合計				
10						

① 関数を入力するセルを選択し、f_x（関数の挿入）をクリック
※ここでは、SUM関数を使い経費の予算合計を求めます。

② 《関数の挿入》ダイアログボックスの《関数の分類》の∨をクリックし、一覧から目的の分類を選択
※《関数名》の一覧には、最近使用した関数が表示されます。
※SUM関数を表示するには、《数学/三角》を選択します。
※関数の分類がわからない場合は、《すべて表示》を選択します。

③ 《関数名》の一覧から目的の関数を選択
※《関数名》の一覧は、アルファベット順に並んでいます。
※関数名の一覧をクリックして関数の先頭文字（SUMの場合はS）のキーを押すと、その文字で始まる関数にジャンプします。

④ 《OK》をクリック

関数の挿入ダイアログボックス内容：
関数の検索(S)：何がしたいかを簡単に入力して、[検索開始]をクリックしてください。 検索開始(G)
関数の分類(C)：数学/三角
関数名(N)：SQRT / SQRTPI / SUBTOTAL / SUM / SUMIF / SUMIFS / SUMPRODUCT
SUM(数値1,数値2,...)
セル範囲に含まれる数値をすべて合計します。
この関数のヘルプ OK キャンセル

13

⑤《**関数の引数**》ダイアログボックスに引数を指定

※ここでは、セル範囲【C4：C8】を指定します。

⑥《**OK**》をクリック

⑦ セルに計算結果が表示される

POINT　その他の方法（《関数の挿入》ダイアログボックスの表示）

◆《ホーム》タブ→《編集》グループの $\boxed{\Sigma \cdot}$ （合計）の $\boxed{\cdot}$ →《その他の関数》

◆《数式》タブ→《関数ライブラリ》グループの $\boxed{fx}$ （関数の挿入）

◆《数式》タブ→《関数ライブラリ》グループの $\boxed{\Sigma}$ （合計）の $\boxed{\text{オート}}$ →《その他の関数》

◆ $\boxed{\text{Shift}}$ ＋ $\boxed{\text{F3}}$

POINT　合計ボタンを使う

「SUM（合計）」「AVERAGE（平均）」「COUNT（数値の個数）」「MAX（最大値）」「MIN（最小値）」の各関数は、$\boxed{\Sigma \cdot}$ （合計）の $\boxed{\cdot}$ から選択することもできます。

関数の
基礎知識

数学/三角

論理

日付/時刻

統計

検索/行列

情報

財務

文字列
操作

データ
ベース

エンジニ
アリング

索引

POINT 関数の分類

《関数の挿入》ダイアログボックスの《関数の分類》に表示される分類には、次のようなものがあります。

分類	説明
数学/三角関数	数値計算の処理を行う関数が含まれます。集計処理に使うSUM関数、端数処理に使うROUNDDOWN関数などがあります。
論理関数	条件判定や条件式を扱う関数が含まれます。条件に応じて異なる処理が実行できるIF関数、複数の論理式を組み合わせることができるAND関数やOR関数などがあります。
日付/時刻関数	日付や時刻を計算する関数が含まれます。本日の日付を表示するTODAY関数、現在の日付と時刻を表示するNOW関数などがあります。
統計関数	データの統計・分析処理を行う関数が含まれます。平均を求めるAVERAGE関数、個数を求めるCOUNT関数、頻度分布を求めるFREQUENCY関数などがあります。
検索/行列関数	表形式のデータから検索や行列計算を行う関数が含まれます。コードに対応する値を検索するXLOOKUP関数などがあります。
情報関数	セルの情報などを検索・調査する関数が含まれます。対象のセルが空白かどうかを確認するISBLANK関数、エラーかどうかを確認するISERROR関数などがあります。
財務関数	会計や財務処理を行う関数が含まれます。ローンの返済金額を計算するPMT関数、目標額に応じた積立金額を計算するFV関数などがあります。
文字列操作関数	セル内の文字列に関する処理を行う関数が含まれます。半角を全角に変換するJIS関数、文字列を検索するSEARCH関数、文字列を置換するREPLACE関数などがあります。
データベース関数	リストまたはデータベースの指定された列を検索し、条件を満たすレコードを計算する関数が含まれます。条件を満たすレコードを合計するDSUM関数、条件を満たすレコードの平均を求めるDAVERAGE関数などがあります。
エンジニアリング関数	N進法の変換や科学技術計算に利用する関数が含まれます。10進数を2進数に変換するDEC2BIN関数、16進数を2進数に変換するHEX2BIN関数などがあります。
キューブ関数	Excelデータモデルに接続して、3次元以上の集計分析ができる関数が含まれます。セット内のアイテム数を求めるCUBESETCOUNT関数、キューブの集計値を求めるCUBEVALUE関数などがあります。
互換性関数	下位バージョンとの互換性のために利用可能な関数が含まれます。Excel 2007以前のバージョンと互換性のあるRANK関数やSTDEV関数などがあります。
Web関数	VBAでコードを書かなくてもWeb APIを利用できる関数が含まれます。URL形式でエンコードされた文字列を返すENCODEURL関数、Webサービスからのデータを返すWEBSERVICE関数などがあります。

15

5 関数の入力－関数ライブラリ－

《数式》タブの《関数ライブラリ》グループ

《数式》タブの《関数ライブラリ》グループには、分類ごとに関数がまとめられています。関数の分類のボタンをクリックして一覧から関数名をクリックすると、関数名や括弧が自動的に入力されます。

OPEN ≫ 第1章 シート「1-5」

① 関数を入力するセルを選択
②《数式》タブ→《関数ライブラリ》グループから関数の分類のボタンをクリックし、一覧から目的の関数を選択

※ここでは、COUNTA関数を使って勤務日数を求めます。COUNTA関数は、統計関数に分類されています。

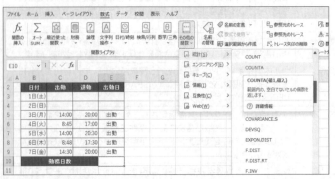

③《関数の引数》ダイアログボックスに引数を指定
※ここでは、セル範囲【E3：E9】を指定します。
④《OK》をクリック
⑤ セルに計算結果が表示される

	日付	出勤	退勤	出勤日	F
2					
3	1日(土)				
4	2日(日)				
5	3日(月)	14:00	20:00	出勤	
6	4日(火)	8:45	17:00	出勤	
7	5日(水)	14:00	20:30	出勤	
8	6日(木)	8:48	17:30	出勤	
9	7日(金)	14:30	20:00	出勤	
10	勤務日数			5	
11					

E10　＝COUNTA(E3:E9)

6 関数のコピー

操作 関数が入力されているセルを選択→ドラッグ

隣接しているほかのセルに関数をコピーする場合、■ (フィルハンドル) をドラッグして数式をコピーできます。

OPEN ≫ 第1章 シート「1-6」

C9		:	× ✓ fx	=SUM(C4:C8)
	A	B	C	D	E

	A	B	C	D	E
1		経費予算実績表			
2				単位：千円	
3		費目名	予算	実績	
4		拡販費	1,100	1,000	
5		印刷費	120	100	
6		事務用具費	60	50	
7		交際費	100	70	
8		雑費	200	130	
9		合計	1,580		
10					

①数式が入力されているセルを選択

②セル右下の■ (フィルハンドル) をポイントし、コピー先のセルまでドラッグ

※マウスポインターの形が ╋ に変わります。

C9		:	× ✓ fx	=SUM(C4:C8)

	A	B	C	D	E
1		経費予算実績表			
2				単位：千円	
3		費目名	予算	実績	
4		拡販費	1,100	1,000	
5		印刷費	120	100	
6		事務用具費	60	50	
7		交際費	100	70	
8		雑費	200	130	
9		合計	1,580	1,350	
10					

③ドラッグした範囲に数式がコピーされる

POINT 隣接していないセルへのコピー

隣接していないセルに数式をコピーする場合、《ホーム》タブ→《クリップボード》グループの [コピー] と [貼り付け] を使います。

POINT　セルの参照

数式や関数は、「=A1*A2」や「=SUM(A1:A2)」のようにセル参照を使って入力するのが一般的です。セルの参照には「相対参照」と「絶対参照」、それらを組み合わせた「複合参照」があり、数式で参照しているセルと、数式をコピーするセルの位置に応じて使い分けます。

●相対参照

「相対参照」は、セルの位置を相対的に参照する形式です。数式をコピーするとセルの参照は自動的に調整されます。図のように、セル【D2】に入力されている数式をセル【D3】にコピーすると、自動的にセルの参照が調整されます。

	A	B	C	D	
1		1月	2月	合計	
2	東京	300	350	650	—— =B2+C2
3	大阪	200	250	450	—— =B3+C3
4	名古屋	100	150	250	—— =B4+C4
5	合計	600	コピー→	1,350	—— =B5+C5

●絶対参照

「絶対参照」は、特定の位置にあるセルを必ず参照する形式です。セルを絶対参照にするには「$」を付けます。図のように、セル【C2】の数式に入力されているセル【B5】を絶対参照にすると、数式をセル【C3】にコピーしてもセル【B5】の参照は固定されたまま調整されません。

	A	B	C	
1		1月	構成比	
2	東京	300	50%	—— =B2/$B$5
3	大阪	200	33%	—— =B3/$B$5
4	名古屋	100	17%	—— =B4/$B$5
5	合計	コピー→	100%	—— =B5/$B$5

●複合参照

「D$5」または「$D5」のように、相対参照と絶対参照を組み合わせたセルの参照を「複合参照」といいます。数式をコピーすると、「$」を付けた行または列は固定されたままで、「$」が付いていない列または行は自動調整されます。

	A	B	C	D	E	F	
1		定価		会員割引価格			=$B3*(1-D$2)
2			ゴールド	15%	シルバー	10%	
3	商品A	¥800		¥680	→	¥720	—— =$B3*(1-F$2)
4	商品B	¥750		¥638		¥675	—— =$B4*(1-D$2)
5	商品C	¥1,040		¥884		¥936	

関数の基礎知識

数学/三角

論理

日付/時刻

統計

検索/行列

情報

財務

文字列操作

データベース

エンジニアリング

索引

POINT 「$」の入力

「$」は直接入力してもかまいませんが、[F4]（絶対参照キー）を使うと簡単に入力できます。
セルまたはセル範囲を選択後、[F4]を連続して押すと「$B$5」（行列共に固定）、「B$5」
（行だけ固定）、「$B5」（列だけ固定）、「B5」（固定しない）の順番で切り替わります。

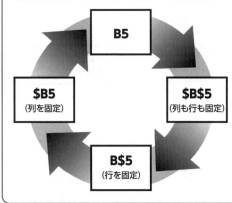

B5

$B$5
（列も行も固定）

B$5
（行を固定）

$B5
（列を固定）

POINT 関数のネスト

関数の引数には、数値や文字列、セル参照のほかに、数式や関数を使うこともできます。
関数の中に関数を組み込むことを「関数のネスト」といいます。関数をネストすると、より複雑
な処理を行うことができます。関数のネストは64レベルまで設定できます。

例）
東京の1月と2月の平均が200以上であればA、そうでなければBと表示する場合

| E2 | ∨ | : | × ✓ fx | =IF(AVERAGE(B2:C2)>=200,"A","B") |

	A	B	C	D	E	F	G
1		1月	2月	合計	評価		
2	東京	300	350	650	A		
3	大阪	200	250	450	A		
4	名古屋	100	150	250	B		
5							

IF関数の引数に、
AVERAGE関数
を指定する

7 スピルとは

「**スピル**」を使ってセル範囲を参照する数式を入力すると、数式をコピーしなくても隣接するセル範囲に結果が表示されます。

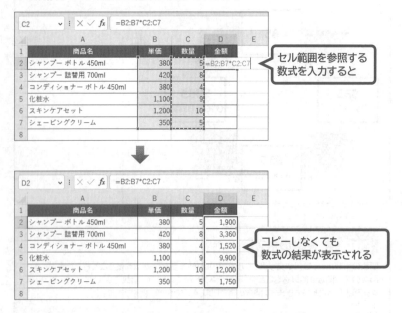

セル範囲を参照する
数式を入力すると

コピーしなくても
数式の結果が表示される

関数の中にはスピルに対応しているものがあり、必要な結果を効率よく求めることができます。

本書で扱う関数の中で、スピルに対応しているものは次のとおりです。

●FREQUENCY関数	●SORTBY関数
●SEQUENCE関数	●RANDARRAY関数
●XLOOKUP関数	●FILTER関数
●SORT関数	●UNIQUE関数

※上記の関数以外の関数の中にも、引数のセル参照でセル範囲を指定することによって、スピルで結果が求められるものがあります。

基礎知識
関数の

数学/三角

論理

日付/時刻

統計

検索/行列

情報

財務

文字列
操作

データベース

エンジニアリング

索引

POINT スピルを使った数式の編集や削除

スピルによって結果が表示されたセル範囲を「スピル範囲」といい、青い枠線で囲まれます。
スピル範囲の中で、数式を入力したセル以外のセルを「ゴースト」といい、選択すると、数式
バーの数式が薄いグレーで表示されます。
スピルを使った数式を編集する場合は、スピル範囲先頭の数式入力セルの数式を修正しま
す。修正結果は、スピル範囲のすべてのセルに自動的に反映されます。
また、数式を削除する場合は、スピル範囲先頭の数式入力セルの数式を削除すると、スピル
範囲のすべての結果が削除されます。
ゴーストのセルの数式を、編集したり削除したりすることはできません。

スピル範囲

B6			✕ ✓ f_x	=XLOOKUP(C2,C10:C19,B10:G19,"該当なし")			
	A	B	C	D	E	F	G
1		●商品検索					
2		商品名を入力	すずらん（白）				
3							
4		●検索結果					
5		商品コード	商品名	分類	通常価格	割引率	割引後価格
6		F3010	すずらん（白）	ワイン	6,880	20%	5,500
7							
8		●商品リスト					
9		商品コード	商品名	分類	通常価格	割引率	割引後価格
10		C1010	櫻金箔酒	日本酒	2,100	10%	1,890
11		C1020	櫻大吟醸酒	日本酒	3,650	10%	3,280
12		C1030	櫻吟醸酒	日本酒	2,900	10%	2,610
13		C1050	櫻にごり酒	日本酒	6,600	20%	5,280
14		C1040	櫻純米大吟醸酒	日本酒	4,200	10%	3,780
15		F3030	スイトピー（赤）	ワイン	5,880	20%	4,700
16		F3010	すずらん（白）	ワイン	6,880	20%	5,500
17		F3020	カサブランカ（白）	ワイン	7,850	20%	6,280
18		F3040	スイトピー（ロゼ）	ワイン	1,560	10%	1,400
19		F3050	薔薇（赤）	ワイン	2,850	10%	2,560
20							

数式入力セル　　　　　　　ゴースト

POINT スピル利用時の注意点

次のような表では、スピルを使った数式を入力するとエラーが表示される場合があります。

❶数式に使用するセルやセル範囲がセル結合されている
適切に計算できない場合があります。セル結合を解除するか、数式のセル参照を修正します。

❷数式を入力した結果、スピル範囲になるセルにデータが入力されている
エラー「#スピル!」が表示されます。スピル範囲のデータを削除する必要があります。
※お使いの環境によっては、「#スピル!」は「#SPILL!」と表示される場合があります。

❸数式を入力するセルがセル結合されている
エラー「#スピル!」が表示されます。セル結合を解除する必要があります。

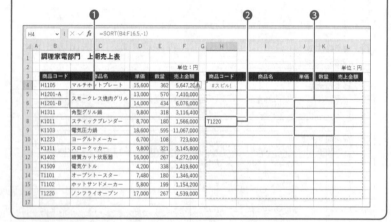

POINT 異なるバージョンでブックを開く場合

スピルは、Excel 2019やExcel 2016の一部のOfficeの種類では利用できません。そのため、スピルを使った数式を含むブックをスピルに対応していないExcel 2019以前のバージョンで開くと、数式ではなく結果だけが表示される場合があります。以前のバージョンのExcelを使って数式を編集する場合は、スピルを使った数式を使わないようにしましょう。

関数の基礎知識

数学/三角

論理

日付/時刻

統計

検索/行列

情報

財務

文字列操作

データベース

エンジニアリング

索引

8 シリアル値とは

Excelでは、セルに「**2023年7月1日**」や「**9:00**」といった日付や時刻の形式で入力すると、データ上は「**シリアル値**」で格納されます。シリアル値は、日数や時間の計算に使用されます。日付や時刻同士を比較したり、計算したりする際は、実際にはシリアル値が使用されています。

日付や時刻の形式でセルに入力した値のシリアル値を確認するには、セルの表示形式を《**標準**》に変更します。

POINT 日付のシリアル値

日付のシリアル値は、1900年1月1日をシリアル値の「1」として1日ごとに「1」が加算されます。例えば、「2023年7月1日」は「1900年1月1日」から45108日目なので、シリアル値は「45108」になります。

POINT 表示形式の変更

日付や時刻の関数を使用して求められる結果には、自動的に日付や時刻の表示形式が設定されます。

セルの表示形式を変更する方法は、次のとおりです。

◆セルを選択→《ホーム》タブ→《数値》グループの 🔲 (表示形式)→《表示形式》タブ→《分類》の一覧から選択→《種類》の一覧から選択

❶分類
表示形式の分類が一覧で表示されます。

❷サンプル
定義した表示形式のサンプルが表示されます。

❸種類
選択した分類の表示形式の種類を、一覧から選択します。
使用したい形式が一覧にない場合は、分類から《ユーザー定義》を選択して、任意の表示形式を作成することもできます。

POINT その他の方法（表示形式の変更）

◆ セルを右クリック→《セルの書式設定》→《表示形式》タブ
◆ セルを選択→ [Ctrl] ＋ [!₁₀] →《表示形式》タブ
※テンキーは使用できません。

POINT ユーザー定義の表示形式（日付・時刻）

次のように任意の表示形式を設定することで、セルに様々な結果を表示することができます。

設定する表示形式	入力するデータ	セルに表示される結果
yyyy/mm/dd	2023/7/1	2023/07/01
yy/mm/dd	2023/7/1	23/07/01
yy/mmmm	2023/7	23/July ※表示形式を設定せずにデータを入力すると「Jul-23」と表示されます。
yyyy/m/d dddd	2023/7/1	2023/7/1 Saturday
yyyy/m/d (ddd)	2023/7/1	2023/7/1 (Sat)
yyyy"年"mm"月"dd"日"	2023/7/1	2023年07月01日
m"月"d"日"aaaa	2023/7/1	7月1日土曜日
m"月"d"日" (aaa)	2023/7/1	7月1日（土）
h:mm AM/PM	9:05 18:05	9:05 AM 6:05 PM
h"時"mm"分"	9:05 18:05	9時05分 18時05分
h:mm:ss	18:05 26:05	18:05:00 2:05:00 ※h, m, sは時刻を表示する形式のため、24時間、60分、60秒を越える表示はできません。
[h]:mm:ss	18:05 26:05	18:05:00 26:05:00 ※hを [ ] で囲むと24時間を越えた時間で表示できます。

第2章

数学/三角関数

1 範囲内の数値を合計する

関数 SUM（サム）

SUM関数を使うと、指定した範囲や数値の合計を求めることができます。
《ホーム》タブ→《編集》グループの （合計）を使うと自動的にSUM関数が入力され、簡単に合計を求めることができます。

● SUM関数

= SUM（数値1, 数値2, ・・・）
　　　　　❶

---

❶数値
合計を求めるセル範囲または数値を指定します。
※引数は最大255個まで指定できます。
※範囲内の文字列や空白セルは計算の対象になりません。

例1）
セル範囲【A1:A10】の合計を求める場合
=SUM（A1:A10）

例2）
セル範囲【A1:A10】、セル【A15】、100の合計を求める場合
=SUM（A1:A10,A15,100）

関数の
基礎知識

数学・三角

論理

日付・時刻

統計

検索・行列

情報

財務

文字列
操作

データ
ベース

エンジニ
アリング

索引

使用例

OPEN » 第2章 シート「2-1」

年度ごとに、すべての店舗の売上実績の合計を求めます。

D12		∨ : × ✓ *fx*	=SUM(D4:D11)			
	A	B	C	D	E	F	G
1		**店舗別商品売上実績**					
2						単位：千円	
3		地区	店舗	2021年度	2022年度	2023年度	
4		東海	名古屋	101,353	91,871	107,242	
5			浜松	84,502	74,625	81,250	
6			静岡	78,044	71,238	76,384	
7			岐阜	82,855	80,312	83,159	
8		北陸	金沢	93,808	103,878	99,683	
9			富山	52,905	62,354	63,220	
10			福井	82,602	92,436	92,816	
11			敦賀	9,859	10,789	11,359	
12		合計		585,928	587,503	615,113	
13							

●**セル【D12】に入力されている数式**

$$=SUM(\underset{❶}{D4:D11})$$

❶合計を求めるセル範囲【D4:D11】を指定する。

SUMIF（サムイフ）

SUMIF関数を使うと、指定した範囲内で条件を満たしているセルを検索し、探し出されたセルに対応した範囲のデータの合計を求めることができます。指定できる検索条件は1つだけです。例えば、売上表の中から商品コードごとの売上合計を求めるときなどに使うことができます。

● SUMIF関数

＝SUMIF(範囲, 検索条件, 合計範囲)

❶   ❷   ❸

---

❶範囲
検索の対象となるセル範囲を指定します。

❷検索条件
検索条件を文字列またはセル、数値、数式で指定します。
※文字列で指定する場合は「"（ダブルクォーテーション）」で囲みます。
※条件にはワイルドカードが使えます。

❸合計範囲
合計を求めるセル範囲を指定します。
※範囲内の文字列や空白セルは計算の対象になりません。
※省略できます。省略すると❶が対象になります。

関数の
基礎知識

数学・三角

論理

日付・時刻

統計

検索・行列

情報

財務

文字列操作

データベース

エンジニアリング

索引

使用例

OPEN » 第2章 シート「2-2」

「**会員No.**」が1002の会員の購入金額（税込）の合計を求めます。

	A	B	C	D	E	F	G	H	I	J
J6				f_x =SUMIF(C3:C47,I6,G3:G47)						
1										
2		利用日	会員No.	氏名	金額	消費税	購入金額（税込）		消費税率	
3		2023/1/4	1007	野中　敏也	89,000	8,900	97,900		10%	
4		2023/1/4	1018	村瀬　稔彦	40,000	4,000	44,000			
5		2023/1/5	1018	村瀬　稔彦	27,000	2,700	29,700		会員No.	購入金額（税込）
6		2023/1/5	1019	草野　萌子	23,000	2,300	25,300		1002	290,400
7		2023/1/6	1021	近藤　真央	45,000	4,500	49,500			
8		2023/1/6	1022	坂井　早苗	15,000	1,500	16,500		セール期間中の購入金額（税込）	
9		2023/1/6	1023	鈴木　保一	72,000	7,200	79,200		>=2023/1/21	
10		2023/1/8	1010	布施　友香	19,000	1,900	20,900		<=2023/2/5	
11		2023/1/10	1002	佐々木　喜一	46,000	4,600	50,600			
12		2023/1/10	1011	井戸　剛	45,000	4,500	49,500			
13		2023/1/11	1008	山城　まり	36,000	3,600	39,600			
14		2023/1/11	1014	天野　真未	45,000	4,500	49,500			
15		2023/1/12	1009	坂本　誠	26,000	2,600	28,600			
16		2023/1/13	1010	布施　友香	27,000	2,700	29,700			
45		2023/2/28	1008	山城　まり	38,000	3,800	41,800			
46		2023/2/28	1012	星　龍太郎	35,000	3,500	38,500			
47		2023/2/28	1013	宍戸　真智子	17,000	1,700	18,700			
48										

●セル【J6】に入力されている数式

$$=SUMIF(\underset{❶}{C3:C47},\underset{❷}{I6},\underset{❸}{G3:G47})$$

❶検索の対象となるセル範囲【C3:C47】を指定する。
❷条件が入力されているセル【I6】を指定する。
❸条件を満たす場合に合計を求めるセル範囲【G3:G47】を指定する。

POINT　ワイルドカードを使った検索

曖昧な条件を設定する場合、「ワイルドカード」を使って条件を入力できます。
使用できるワイルドカードは、次のとおりです。

ワイルドカード	意味
？（疑問符）	同じ位置にある任意の1文字
＊（アスタリスク）	同じ位置にある任意の文字数の文字列

※通常の文字として「？」や「＊」を検索する場合は、「˜?」のように「˜（チルダ）」を付けます。

3 複数の条件を満たす数値を合計する

SUMIFS（サムイフス）

SUMIFS関数を使うと、複数の条件をすべて満たすセルを検索し、探し出されたセルに対応した範囲のデータの合計を求めることができます。SUMIF関数と引数の指定順序が異なります。

●SUMIFS関数

＝SUMIFS（合計対象範囲, 条件範囲1, 条件1, 条件範囲2, 条件2, ・・・）

❶   ❷   ❸   ❹   ❺

---

❶合計対象範囲
複数の条件をすべて満たす場合に、合計するセル範囲を指定します。
※範囲内の文字列や空白セルは計算の対象になりません。

❷条件範囲1
1つ目の条件によって検索するセル範囲を指定します。

❸条件1
1つ目の条件を文字列またはセル、数値、数式で指定します。
※文字列で指定する場合は「"（ダブルクォーテーション）」で囲みます。
※条件にはワイルドカードが使えます。

❹条件範囲2
2つ目の条件によって検索するセル範囲を指定します。

❺条件2
2つ目の条件を文字列またはセル、数値、数式で指定します。
※条件は「,（カンマ）」で区切って指定します。
※「条件範囲」と「条件」の組み合わせは、最大127組まで指定できます。

関数の基礎知識

数学/三角

論理

日付・時刻

統計

検索/行列

情報

財務

文字列操作

データベース

エンジニアリング

索引

使用例

OPEN » 第2章 シート「2-3」

「利用日」が2023年1月21日〜2月5日の購入金額（税込）の合計を求めます。

	A	B	C	D	E	F	G	H	I	J
J9			fx	=SUMIFS(G3:G47,B3:B47,I9,B3:B47,I10)						
1										
2		利用日	会員No.	氏名	金額	消費税	購入金額（税込）		消費税率	
3		2023/1/4	1007	野中　敏也	89,000	8,900	97,900		10%	
4		2023/1/4	1018	村瀬　稔彦	40,000	4,000	44,000			
5		2023/1/5	1018	村瀬　稔彦	27,000	2,700	29,700		会員No.	購入金額（税込）
6		2023/1/5	1019	草野　萌子	23,000	2,300	25,300		1002	290,400
7		2023/1/6	1021	近藤　真央	45,000	4,500	49,500			
8		2023/1/6	1022	坂井　早苗	15,000	1,500	16,500		セール期間中の購入金額（税込）	
9		2023/1/6	1023	鈴木　保一	72,000	7,200	79,200		>=2023/1/21	405,900
10		2023/1/8	1010	布施　友香	19,000	1,900	20,900		<=2023/2/5	
11		2023/1/10	1002	佐々木　喜一	46,000	4,600	50,600			
12		2023/1/10	1011	井戸　剛	45,000	4,500	49,500			
13		2023/1/11	1008	山城　まり	36,000	3,600	39,600			
14		2023/1/11	1014	天野　真未	45,000	4,500	49,500			
15		2023/1/12	1009	坂本　誠	26,000	2,600	28,600			
16		2023/1/13	1010	布施　友香	27,000	2,700	29,700			
42		2023/2/27	1002	佐々木　喜一	98,000	9,800	107,800			
43		2023/2/27	1006	和田　光輝	25,000	2,500	27,500			
44		2023/2/28	1007	野中　敏也	86,000	8,600	94,600			
45		2023/2/28	1008	山城　まり	38,000	3,800	41,800			
46		2023/2/28	1012	星　龍太郎	35,000	3,500	38,500			
47		2023/2/28	1013	宍戸　真智子	17,000	1,700	18,700			
48										

●セル**【J9】**に入力されている数式

$$= SUMIFS(\underset{❶}{G3:G47}, \underset{❷}{B3:B47}, \underset{❸}{I9}, \underset{❹}{B3:B47}, \underset{❺}{I10})$$

❶複数の条件をすべて満たす場合に合計を求めるセル範囲**【G3:G47】**を指定する。

❷1つ目の検索の対象となる利用日のセル範囲**【B3:B47】**を指定する。

❸1つ目の条件となる開始日のセル**【I9】**を指定する。

❹2つ目の検索の対象となる利用日のセル範囲**【B3:B47】**を指定する。

❺2つ目の条件となる終了日のセル**【I10】**を指定する。

4 範囲内の数値を乗算する

PRODUCT関数を使うと、指定した範囲の数値の積を求めることができます。

● PRODUCT関数

= PRODUCT(<u>数値1, 数値2, ・・・</u>)

---

❶数値
積を求めるセル範囲または数値、セルを指定します。
※引数は最大255個まで指定できます。
※範囲内の文字列や空白セルは計算の対象になりません。

例1)
セル範囲【A1:A3】の積を求める場合
=PRODUCT(A1:A3)

例2)
セル範囲【A1:A3】とセル【A10】、100の積を求める場合
=PRODUCT(A1:A3, A10, 100)

使用例 ───────────────────── OPEN ≫ 第2章 シート「2-4」

定価、数量、掛け率を掛けて、商品ごとの売上金額を求めます。

	A	B	C	D	E	F	G	H
			G4		∨	: × ✓ *fx*	=PRODUCT(D4:F4)	

A	B	C	D	E	F	G	H
1		**夏の割引セール 売上実績**					
2						単位：円	
3	商品No.	商品名	定価	数量	掛け率	売上金額	
4	C1005	たのしいキッズパソコン	15,000	7	0.9	94,500	
5	C1007	オフロードカーラジコン	5,000	5	0.9	22,500	
6	K1005	子供用天体望遠鏡	25,000	4	0.7	70,000	
7	K1220	変形トレインメカ	6,400	14	0.9	80,640	
8	J1250	キャラクターテーブル	15,000	2	0.9	27,000	
9	J2300	キッズ英語Blu-rayセット	30,000	12	0.8	288,000	
10	A1200	カラフルブロックパズル	7,800	15	0.9	105,300	
11	A1350	おしゃべりロボットペット	20,000	10	0.7	140,000	
12	F1250	ミニ輪投げ	3,225	30	0.9	87,075	
13	F1270	くねくねコースター	6,300	8	0.9	45,360	
14							

●セル【G4】に入力されている数式

$$= PRODUCT(\underset{❶}{D4:F4})$$

❶積を求めるセル範囲【D4:F4】を指定する。

> **POINT** PRODUCT関数と演算子「＊」の使い分け
>
> 数値を掛ける場合は、「＝A1＊A2」のように演算子「＊（アスタリスク）」を使いますが、掛ける数値の数が多い場合はPRODUCT関数を使うと効率的です。

5 個々に掛けた値の合計を一度に求める

関数 SUMPRODUCT（サムプロダクト）

SUMPRODUCT関数を使うと、指定したセル範囲で相対位置にある数値同士を掛けて、その結果の合計を求めることができます。例えば、明細ごとの合計を求めずに、一度に全体の合計を求めるときに使うことができます。

● **SUMPRODUCT関数**

＝SUMPRODUCT(<u>配列1, 配列2, ・・・</u>)

❶

---

❶配列
数値が入力されているセル範囲を指定します。
※引数は最大255個まで指定できます。
※配列をセル範囲で指定する場合は、同じ行数と列数を持つセル範囲を指定します。

例)
行単位で配列1と配列2に入力されている値を掛けて、その結果の合計を求める場合

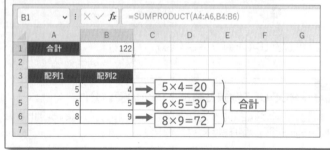

関数の
基礎知識

数学／三角

論理

日付・時刻

統計

検索・行列

情報

財務

文字列
操作

データ
ベース

エンジニ
アリング

索引

使用例

OPEN » 第2章 シート「2-5」

商品ごとの売上合計を求めずに、一度に全商品の売上合計を求めます。

C3	▼ : × ✓ fx	=SUMPRODUCT(D6:D15,E6:E15,F6:F15)				
▲	A	B	C	D	E	F	G

	A	B	C	D	E	F	G
1		**夏の割引セール 売上実績**					
2							
3		**売上合計**	¥960,375				
4							
5		商品No.	商品名	定価	数量	掛け率	
6		C1005	たのしいキッズパソコン	¥15,000	7	0.9	
7		C1007	オフロードカーラジコン	¥5,000	5	0.9	
8		K1005	子供用天体望遠鏡	¥25,000	4	0.7	
9		K1220	変形トレインメカ	¥6,400	14	0.9	
10		J1250	キャラクターテーブル	¥15,000	2	0.9	
11		J2300	キッズ英語Blu-rayセット	¥30,000	12	0.8	
12		A1200	カラフルブロックパズル	¥7,800	15	0.9	
13		A1350	おしゃべりロボットペット	¥20,000	10	0.7	
14		F1250	ミニ輪投げ	¥3,225	30	0.9	
15		F1270	くねくねコースター	¥6,300	8	0.9	
16							

● **セル【C3】に入力されている数式**

$$= \text{SUMPRODUCT}(\underset{❶}{D6:D15}, \underset{❷}{E6:E15}, \underset{❸}{F6:F15})$$

❶定価のセル範囲【D6:D15】を指定する。

❷数量のセル範囲【E6:E15】を指定する。

❸掛け率のセル範囲【F6:F15】を指定する。

※売上合計のセル【C3】には、通貨の表示形式が設定されています。

35

6 見えている数値だけを合計する

SUBTOTAL (サブトータル)

SUBTOTAL関数を使うと、指定したセル範囲の中でシートに表示されている
セルだけを対象に集計できます。例えば、フィルターモードを使って抽出した
データの合計を求めることができます。

● SUBTOTAL関数

＝SUBTOTAL(集計方法, 参照1, 参照2, ・・・)

❶集計方法
データの集計方法を表す1〜11までの数値、または1〜11までの数値が入力されたセルを指定
します。例えば、「9」を指定すると集計方法は「合計」になります。

数値	集計方法
1	平均を求める
2	数値の個数を求める
3	空白以外のデータの個数を求める
4	最大値を求める
5	最小値を求める
6	積を求める
7	標本標準偏差を求める
8	標準偏差を求める
9	合計を求める
10	不偏分散を求める
11	標本分散を求める

❷参照
集計するセル範囲を指定します。
※参照は最大254個まで指定できます。

OPEN 》第2章 シート「2-6」

使用例

「メニュー」がトリートメント、「店舗」が大森店または蒲田店で抽出された結果から来客数の合計を求めます。

	A	B	C	D	E	F	G	H	I
D3			fx	=SUBTOTAL(9,F6:F140)					
1		売上明細							
2									
3		来客数		52	売上金額			94,000	
4									
5		No.	日付	メニュー	料金	来客数	売上金額	店舗	
14		8	5月1日	トリートメント	2,000	5	10,000	蒲田店	
32		26	5月1日	トリートメント	2,000	2	4,000	大森店	
41		35	5月2日	トリートメント	2,000	5	10,000	蒲田店	
59		53	5月2日	トリートメント	2,000	2	4,000	大森店	
68		62	5月3日	トリートメント	2,000	5	10,000	蒲田店	
86		80	5月3日	トリートメント	2,000	10	20,000	大森店	
95		89	5月4日	トリートメント	2,000	5	10,000	蒲田店	
113		107	5月4日	トリートメント	2,000	8	16,000	大森店	
122		116	5月5日	トリートメント	2,000	5	10,000	蒲田店	
140		134	5月5日	トリートメント	2,000	5	10,000	大森店	
141									

●セル【D3】に入力されている数式

$$= SUBTOTAL(9, F6:F140)$$
❶　　　❷

❶ 来客数の合計を求めるため、「**合計**」を表す集計方法「**9**」を指定する。

❷ 来客数の合計を求めるため、集計するセル範囲【F6：F140】(データが入力されているセル範囲) を指定する。

※フィルターモードを使って抽出されているため非表示になっているセルがありますが、セル範囲【F6：F140】にデータが入力されています。

※「メニュー」がトリートメント、「店舗」が大森店または蒲田店で抽出されたセル (指定したセル範囲内でシートに表示されているセル) が集計対象になります。

計算結果の更新

フィルターの抽出条件を変更すると、自動的に再計算され、計算結果が更新されます。

例）
「メニュー」がカットまたは学生カット、「店舗」が蒲田店で抽出した場合

	D3		∨ : × ✓ *fx*	=SUBTOTAL(9,F6:F140)				
◢	A	B	C	D	E	F	G	H
1		売上明細						
2								
3		来客数		124	売上金額			366,800
4								
5		No. ▾	日付 ▾	メニュー ▾	料金 ▾	来客数▾	売上金額 ▾	店舗 ▾
6		1	5月1日	カット	3,800	13	49,400	蒲田店
7		2	5月1日	学生カット	2,000	12	24,000	蒲田店
33		28	5月2日	カット	3,800	11	41,800	蒲田店
34		29	5月2日	学生カット	2,000	12	24,000	蒲田店
60		55	5月3日	カット	3,800	13	49,400	蒲田店
61		56	5月3日	学生カット	2,000	12	24,000	蒲田店
87		82	5月4日	カット	3,800	12	45,600	蒲田店
88		83	5月4日	学生カット	2,000	12	24,000	蒲田店
114		109	5月5日	カット	3,800	17	64,600	蒲田店
115		110	5月5日	学生カット	2,000	10	20,000	蒲田店
141								

7 数値を基準値の倍数で切り上げる

CEILING.MATH（シーリングマス）

CEILING.MATH関数を使うと、指定した数値を基準値の倍数の中で最も近い値に切り上げることができます。例えば、勤務時間を指定した単位で切り上げる場合に使うことができます。

● CEILING.MATH関数

＝CEILING.MATH（**数値**, **基準値**, **モード**）
　　　　　　　　　❶　　　　❷　　　　❸

❶数値
倍数になるように切り上げる数値またはセルを指定します。

❷基準値
切り上げるときの基準となる数値またはセルを指定します。
※省略できます。省略すると最も近い整数に切り上げます。

❸モード
❶が負の数の場合、「0」または「0以外の数値」を指定します。

0	0に近い値に切り上げる
0以外の数値	0から離れた値に切り上げる

※省略できます。省略すると「0」を指定したことになります。

例）
セル【D3】の場合
数値「33」を「5」の倍数（5, 10, 15, 20…）の中で最も近い値に切り上げた「35」が求められる

	A	B	C	D
1				
2	数値	基準値		結果
3	33	5		35
4	17	10	➡	20
5	-14	5	➡	-10
6	-14	5	➡	-15
7				

＝CEILING.MATH(A3,B3)
＝CEILING.MATH(A4,B4)
＝CEILING.MATH(A5,B5)
＝CEILING.MATH(A6,B6,-1)

実利用時刻の退室時刻を30分ごとに切り上げて、利用料が発生する時刻の
退室時刻を求めます。

F6	✓ : × ✓ ƒx	=CEILING.MATH(D6,"00:30")				
	A	B	C	D	E	F	G

	B	C	D	E	F
1	レンタル会議室 利用時間記録				
2	※利用料は毎時0分、30分ごとに800円かかります。				
3					
4	2023年7月	実利用時刻		料金発生時刻	
5	日付	入室	退室	入室	退室
6	1日(土)	13:03	14:57	13:00	15:00
7	2日(日)			0:00	0:00
8	3日(月)	9:02	11:47	9:00	12:00
9	4日(火)	10:33	12:16	10:30	12:30
10	5日(水)			0:00	0:00
11	6日(木)	17:55	20:15	17:30	20:30
12	7日(金)	13:31	16:32	13:30	17:00
13	8日(土)			0:00	0:00
14	9日(日)			0:00	0:00
31	26日(水)	15:00	16:24	15:00	16:30
32	27日(木)			0:00	0:00
33	28日(金)	8:35	10:27	8:30	10:30
34	29日(土)			0:00	0:00
35	30日(日)			0:00	0:00
36	31日(月)	14:01	16:29	14:00	16:30
37					

●セル【F6】に入力されている数式

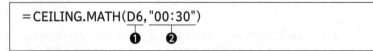

$$= CEILING.MATH(\underset{\textbf{❶}}{D6}, \underset{\textbf{❷}}{"00:30"})$$

❶ 切り上げる時間として、実利用時刻の退室のセル【D6】を指定する。
❷ 30分を基準として切り上げるため、基準値「00:30」を入力する。
※セル範囲【E6:E36】に入力してあるFLOOR.MATH関数を使った数式は、P.41で解説しています。

POINT　数式に日付や時刻を使用する

数式に日付や時刻を使用する場合は、日付や時刻を「"（ダブルクォーテーション）」で囲んで
文字列として入力します。

関数の
基礎知識

数学/三角

論理

日付/時刻

統計

検索/行列

情報

財務

文字列
操作

データ
ベース

エンジニ
アリング

索引

8 数値を基準値の倍数で切り捨てる

関数 FLOOR.MATH（フロアーマス）

FLOOR.MATH関数を使うと、指定した数値を基準値の倍数の中で最も近い値に切り捨てることができます。

● FLOOR.MATH関数

$$= FLOOR.MATH(\underset{❶}{数値}, \underset{❷}{基準値}, \underset{❸}{モード})$$

---

❶ 数値
倍数になるように切り捨てる数値またはセルを指定します。

❷ 基準値
切り捨てるときの基準となる数値またはセルを指定します。
※省略できます。省略すると最も近い整数に切り捨てます。

❸ モード
❶が負の数の場合、「0」または「0以外の数値」を指定します。

0	0から離れた値に切り捨てる
0以外の数値	0に近い値に切り捨てる

※省略できます。省略すると「0」を指定したことになります。

例）
セル【D3】の場合
数値「33」を「5」の倍数（5, 10, 15, 20…）の中で最も近い値に切り捨てた「30」が求められる

	A	B	C	D	
1					
2	数値	基準値		結果	
3	33	5	➡	30	← =FLOOR.MATH(A3,B3)
4	17	10	➡	10	← =FLOOR.MATH(A4,B4)
5	-14	5	➡	-15	← =FLOOR.MATH(A5,B5)
6	-14	5	➡	-10	← =FLOOR.MATH(A6,B6,-1)
7					

1ケース当たりの本数が決まっている場合に、注文上限本数を超えない範囲で、注文できる最大の本数を求めます。

| | E5 | | ▼ | ： | × ✓ fx | =FLOOR.MATH(D5,C5) | |

	A	B	C	D	E	F	G
1		**注文数早見表**					
2		※上限本数を超えないように、ケース単位で注文してください。					
3							
4		種類	本/ケース	注文上限本数	最大注文本数	注文数（ケース）	
5		ビール	24	200	192	8	
6		スパークリングワイン	4	30	28	7	
7		赤ワイン	4	20	20	5	
8		白ワイン	4	20	20	5	
9		オレンジジュース	24	100	96	4	
10		ミネラルウォーター	6	100	96	16	
11		ウーロン茶	6	100	96	16	
12							

●セル【E5】に入力されている数式

$$= FLOOR.MATH(\underset{❶}{D5}, \underset{❷}{C5})$$

❶切り捨てる本数として注文上限本数のセル【D5】を指定する。
❷切り捨てる基準値として1ケース当たりの本数のセル【C5】を指定する。

関数の基礎知識

数学/三角

論理

日付/時刻

統計

検索/行列

情報

財務

文字列操作

データベース

エンジニアリング

索引

9 指定した桁数で数値の端数を切り捨てる

ROUNDDOWN（ラウンドダウン）

ROUNDDOWN関数を使うと、数値の端数を指定した桁数で切り捨てることができます。例えば、消費税の端数処理に使うことができます。

●ROUNDDOWN関数

＝ROUNDDOWN（数値，桁数）
　　　　　　　　　❶　　　❷

---

❶数値
端数を切り捨てる数値またはセルを指定します。

❷桁数
端数を切り捨てた結果の桁数を指定します。

桁数の指定方法は、次のとおりです。

```
   56.78
桁数 -10 1 2
```

例）
セル【D3】の場合
数値「56.78」の1の位以下「6.78」を切り捨てた「50」が求められる

	A	B	C	D	
1					
2	数値	桁数		結果	
3	56.78	-1	➡	50	＝ROUNDDOWN(A3,B3)
4	56.78	0	➡	56	＝ROUNDDOWN(A4,B4)
5	56.78	1	➡	56.7	＝ROUNDDOWN(A5,B5)
6	56.78	2	➡	56.78	＝ROUNDDOWN(A6,B6)
7					

顧客が購入金額に応じて獲得したポイントを求めます。

E5	∨	:	× ✓ *fx*	=ROUNDDOWN(D5/1000,0)		

	A	B	C	D	E	F	G
1		**顧客別ポイント一覧**			2023年度		
2		★1,000円のお買い上げにつき、1ポイント獲得					
3							
4		No.	顧客名	購入金額	獲得ポイント		
5		1	遠藤　直子	¥350,680	350		
6		2	大川　雅人	¥298,800	298		
7		3	梶本　修一	¥621,386	621		
8		4	桂木　真紀子	¥98,812	98		

● セル【E5】に入力されている数式

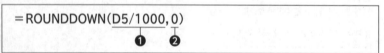

= ROUNDDOWN(D5/1000, 0)
　　　　　　　　❶　　　❷

❶ 購入金額のセル【D5】を指定し、1,000円につき1ポイントで換算するため「1000」で割る。

❷ 獲得ポイントの小数点以下を切り捨てるため「0」を入力する。

> ## POINT　INT関数（イント）
>
> 数値の小数点以下を切り捨て、整数にした数値を返します。
>
> > ● INT関数
> >
> > = INT(数値)
> > 　　　❶
> >
> > ---
> >
> > ❶ 数値
> > 小数点以下を切り捨てる数値、数式、セルを指定します。
> >
> > 例)
> > =INT(56.78) → 56

POINT ROUNDUP関数（ラウンドアップ）

指定した桁数で数値の端数を切り上げます。

●ROUNDUP関数

= ROUNDUP(数値, 桁数)

　　　　　　❶　　❷

❶数値
端数を切り上げる数値またはセルを指定します。

❷桁数
端数を切り上げた結果の桁数を指定します。
※桁数の指定方法はROUNDDOWN関数と同じです。

例）
「56.78」を小数点以下第2位で切り上げる場合
=ROUNDUP(56.78, 1) → 56.8

POINT ROUND関数（ラウンド）

指定した桁数で数値を四捨五入します。

●ROUND関数

= ROUND(数値, 桁数)

　　　　　❶　　❷

❶数値
四捨五入する数値またはセルを指定します。

❷桁数
数値を四捨五入した結果の桁数を指定します。
※桁数の指定方法はROUNDDOWN関数と同じです。

例）
「56.78」を1の位で四捨五入する場合
=ROUND(56.78, -1) → 60

10 五捨六入など四捨五入以外の端数処理をする

関数	TRUNC（トランク） SIGN（サイン）

数値を五捨六入など、四捨五入以外の端数処理をする場合は、TRUNC関数に、端数処理をするための数式とSIGN関数を組み合わせます。

例えば、給与や保険の計算などの様々な場面で、四捨五入とは限らない端数処理をするときに利用することができます。

● TRUNC関数

指定した桁数で数値の端数を切り捨てます。

＝TRUNC（数値, 桁数）

         ❶   ❷

---

❶数値
端数を切り捨てる数値またはセルを指定します。

❷桁数
端数を切り捨てた結果の桁数を指定します。

桁数の指定方法は、次のとおりです。

```
     15.25
桁数  -1 0 1 2
```

※省略できます。省略すると「0」を指定したことになります。

例1）
小数点以下第2位を切り捨て、小数点以下第1位までの数値にする場合
＝TRUNC（15.25, 1）→ 15.2

例2）
小数点以下を切り捨て、整数にする場合
＝TRUNC（15.25, 0）→ 15

例3）
1の位で切り捨てる場合
＝TRUNC（15.25, -1）→ 10

関数の
基礎知識

数学/三角

論理

日付/時刻

統計

検索/行列

情報

財務

文字列操作

データベース

エンジニアリング

索引

● SIGN関数

数値の正負を調べ、数値が正の数の場合は「1」、0の場合は「0」、負の数の場合は「-1」を返します。

$$= SIGN(数値)$$

❶数値
正負を調べる数値またはセルを指定します。

使用例
OPEN ≫ 第2章 シート「2-10」

実測値の気温の小数点以下を五捨六入して表示気温を求めます。

E5		∨	:	× ✓ fx	=TRUNC(C5+0.4*SIGN(C5))	

	A	B	C	D	E	F	G
1		**気温測定結果（A市：1月第1週目）**					
2							
3		日付	実測値		表示気温		
4			最高気温	最低気温	最高気温	最低気温	
5		1月1日	-1.5	-5.5	-1	-5	
6		1月2日	-2.6	-6.6	-3	-7	
7		1月3日	-1.3	-4.3	-1	-4	
8		1月4日	-0.6	2.5	-1	2	
9		1月5日	-0.5	3.6	0	4	
10		1月6日	0.5	1.5	0	1	
11		1月7日	0.6	4.5	1	4	
12							

●セル【E5】に入力されている数式

$$= TRUNC(C5 + 0.4 * SIGN(C5))$$

❶ ❷ ❸

❶端数処理する数値に1月1日の実測値の最高気温のセル【C5】を指定する。

❷小数点以下を五捨六入するため補正値「0.4」を足す。

※端数を処理するために補正値を加算します。補正値は、P.48の補正値早見表から求めます。

❸1月1日の実測値の最高気温がマイナスの値の場合は、補正値を「-0.4」にするため、セル【C5】の正負をSIGN関数で求め、「0.4」に掛ける。

POINT n−1捨n入の切り上げと切り捨て

五捨六入では、端数を処理する位の数値が5以下なら切り捨て、6以上なら切り上げ処理をします。切り捨て、切り上げを判定するには、端数を処理する位に、切り上げの境界となる数値（補正値）を加算します。

例えば、五捨六入の場合、切り上げの境界となる数値は、端数を処理する位に「4」を乗算した値です。端数を処理する位の数値が5以下なら4を足しても繰り上がらないため切り捨て、6以上なら4を足すと上の桁に繰り上がるため、切り上げとなります。

例1)
「15.5」を小数点以下第1位で五捨六入する場合
=TRUNC(15.5+(0.1*4))
=TRUNC(15.9)→15

例2)
「15.6」を小数点以下第1位で五捨六入する場合
=TRUNC(15.6+(0.1*4))
=TRUNC(16.0)→16

例3)
「15.6」を小数点以下第1位で六捨七入する場合
=TRUNC(15.6+(0.1*3))
=TRUNC(15.9)→15

POINT 補正値早見表

様々な位での端数処理に対する補正値は、次のとおりです。次の表を参考に補正値を直接入力すると数式を簡略化して入力することができます。

端数処理	10の位	1の位	小数点以下第1位	小数点以下第2位
一捨二入	80	8	0.8	0.08
二捨三入	70	7	0.7	0.07
三捨四入	60	6	0.6	0.06
四捨五入	50	5	0.5	0.05
五捨六入	40	4	0.4	0.04
六捨七入	30	3	0.3	0.03
七捨八入	20	2	0.2	0.02
八捨九入	10	1	0.1	0.01

関数の
基礎知識

数学・三角

論理

日付・時刻

統計

検索・行列

情報

財務

文字列
操作

データ
ベース

エンジニ
アリング

索引

POINT 端数処理に使う代表的な関数

端数処理に使う代表的な関数は、次のとおりです。
ROUND関数、ROUNDUP関数、ROUNDDOWN関数で指定する引数は、TRUNC関数と同じです。

関数名	機能	例	返す値
INT	小数点以下を 切り捨てる	=INT(10.55)	小数点以下を 切り捨て → 10
ROUND	指定した桁数に 四捨五入する	=ROUND(10.55,1)	小数点以下第2位を 四捨五入 → 10.6
ROUNDUP	指定した桁数に 切り上げる	=ROUNDUP(10.55,1)	小数点以下第2位を 切り上げ → 10.6
ROUNDDOWN	指定した桁数に 切り捨てる	=ROUNDDOWN(10.55,1)	小数点以下第2位を 切り捨て → 10.5

TRUNC関数、ROUND関数、ROUNDUP関数、ROUNDDOWN関数で指定する引数は共通です。これらの関数は端数処理をする桁数を指定できますが、INT関数は端数処理をする桁数を指定できません。
また、TRUNC関数とROUNDDOWN関数は同じ結果を得ることができます。ROUNDDOWN関数は端数処理をする桁数を省略できませんが、TRUNC関数では省略できます。

関数 SUM（サム）
OFFSET（オフセット）

販売実績表などで、上位3位までや上半期といった特定範囲の合計を求める場合、SUM関数とOFFSET関数を組み合わせて使います。

● SUM関数

指定した範囲の数値の合計を求めます。

＝SUM(<u>数値1, 数値2, ・・・</u>)
　　　❶

---

❶数値
合計を求めるセル範囲または数値を指定します。
※引数は最大255個まで指定できます。
※範囲内の文字列や空白セルは計算の対象になりません。

● OFFSET関数

基準となるセルから、指定した行数、列数だけ移動した位置にあるセルを先頭にして、指定した高さ、幅を持つセル範囲を参照します。この関数は「検索/行列関数」に分類されています。

＝OFFSET(<u>参照</u>, <u>行数</u>, <u>列数</u>, <u>高さ</u>, <u>幅</u>)
　　　　　❶　　❷　　❸　　❹　　❺

---

❶参照
基準となるセルまたはセル範囲を指定します。

❷行数
基準となるセルから移動する行数を指定します。

❸列数
基準となるセルから移動する列数を指定します。

❹高さ
セル範囲の行数を指定します。

❺幅
セル範囲の列数を指定します。
※❹❺は省略できます。省略すると、❶に指定した範囲と同じ行数または列数になります。

使用例　　　　　　　　　　　　　　　OPEN ≫ 第2章 シート「2-11」

地区ごとに、2023年度の売上実績の合計を求めます。

| E14 | ⌄ | : | × ✓ fx | =SUM(OFFSET(D4,0,2,4,1)) | | | |

	A	B	C	D	E	F	G	H
1		店舗別商品売上実績						
2							単位：千円	
3		地区	店舗	2021年度	2022年度	2023年度	合計	
4		東海	名古屋	101,353	91,871	107,242	300,466	
5			浜松	84,502	74,625	81,250	240,377	
6			静岡	78,044	71,238	76,384	225,666	
7			岐阜	82,855	80,312	83,159	246,326	
8		北陸	金沢	93,808	103,878	99,683	297,369	
9			富山	52,905	62,354	63,220	178,479	
10			福井	82,602	92,436	92,816	267,854	
11			敦賀	9,859	10,789	11,359	32,007	
12		合計		585,928	587,503	615,113	1,788,544	
13								
14		東海地区 2023年度合計			348,035			
15		北陸地区 2023年度合計			267,078			
16								

●セル【E14】に入力されている数式

$$= SUM(OFFSET(D4, 0, 2, 4, 1))$$
❶　　　　　　❷❸❹❺

❶数値の基準としてセル【D4】を指定する。

❷基準のセル【D4】と東海地区の2023年度の先頭のセルは同じ行のため「0」を入力する。

❸基準のセル【D4】から東海地区の2023年度へは「2」列移動するため「2」を入力する。

❹東海地区の2023年度分を指定するには下に「4」行分必要なため「4」を入力する。

❺東海地区の2023年度分を指定するには「1」列分必要なため「1」を入力する。

※OFFSET関数で参照したセル範囲の数値の合計をSUM関数で求めています。

POINT AGGREGATE関数（アグリゲート）

SUM関数は計算範囲内にエラー値があると集計することができませんが、「AGGREGATE関数」を使うと、エラー値を無視して集計できます。

●AGGREGATE関数

＝AGGREGATE(集計方法, オプション, 参照1, 参照2, ・・・)
　　　　　　　　❶　　　　❷　　　　❸

---

❶集計方法
集計方法に応じて関数を1～19の番号で指定します。
例）1：AVERAGE
　　 4：MAX
　　 9：SUM

❷オプション
無視する値を0～7の番号で指定します。
例）5：非表示の行を無視します。
　　 6：エラー値を無視します。
　　 7：非表示の行とエラー値を無視します。

❸参照
参照するセル範囲を指定します。最大253個まで指定できます。

例）
小計にエラー値があっても、それを無視して合計を求める場合

		E11	▾ : ✕ ✓ fx	=AGGREGATE(9,6,E4:E10)		
	A	B	C	D	E	F	G
1		観葉植物展 販売予定一覧					
2							
3		品名	単価	個数	小計		
4		ガジュマル	2,600	5	13,000		
5		サンスベリア・ミカド	3,500	4	14,000		
6		パキラ・ミルキーウェイ	9,800	2	19,600		
7		ポトス・エンジョイ	3,900	確認中	#VALUE!	← エラー値	
8		オリーブ	12,000	2	24,000		
9		ヒメモンステラ	4,900	3	14,700		
10		ベンジャミン	4,300	3	12,900		
11				合計	98,200		
12							

第3章

論理関数

関数 AND（アンド）

AND関数を使うと、指定した複数の条件をすべて満たしているかどうかを判定できます。条件をすべて満たしている場合は「**TRUE**」を返し、1つでも条件を満たしていない場合は「**FALSE**」を返します。

● AND関数

＝AND（論理式1, 論理式2, ・・・）

❶論理式
条件を満たしているかどうかを調べる数式を指定します。
※引数は最大255個まで指定できます。

例1）
上期売上も下期売上も300万円以上であるかを判定する場合

D3		✓ : × ✓ fx	=AND(B3>=3000000,C3>=3000000)			
	A	B	C	D	E	F	G
1				単位：円			
2		上期売上	下期売上	判定			
3		6,000,000	4,000,000	TRUE			
4							

例2）
上期売上が300万円以上500万円未満であるかを判定する場合

D3		✓ : × ✓ fx	=AND(B3>=3000000,B3<5000000)			
	A	B	C	D	E	F	G
1				単位：円			
2		上期売上	下期売上	判定			
3		6,000,000	4,000,000	FALSE			
4							

基礎知識 関数の

数学／三角

論理

日付・時刻

統計

検索／行列

情報

財務

操作 文字列

ページ データベース

アリング エンジニ

索引

使用例

OPEN 》第3章 シート「3-1」

売上目標金額を上期・下期とも4,000千円として、上期・下期のどちらも達成している場合は「**TRUE**」、そうでなければ「**FALSE**」を表示します。

	F4	✓ : × ✓ ƒx	=AND(C4>=4000000,D4>=4000000)				

	A	B	C	D	E	F	G	H	I
1	個人別年間売上表								
2						単位：千円			
3		氏名	上期売上	下期売上	年間売上	目標達成			
4	島田	莉央	3,800	4,000	7,800	FALSE			
5	綾辻	秀人	1,550	2,600	4,150	FALSE			
6	勝倉	俊	2,300	4,700	7,000	FALSE			
7	遠藤	真紀	4,200	3,600	7,800	FALSE			
8	京山	秋彦	1,900	1,500	3,400	FALSE			
9	川原	楓子	3,900	2,300	6,200	FALSE			
10	福田	直樹	4,200	5,800	10,000	TRUE			
11	斉藤	信也	4,900	4,500	9,400	TRUE			
12	坂本	利雄	3,100	5,100	8,200	FALSE			
13	山本	美結	3,800	3,100	6,900	FALSE			
14									

●セル【F4】に入力されている数式

$$=AND(\underset{❶}{C4>=4000000, D4>=4000000})$$

❶「上期売上のセル【C4】と下期売上のセル【D4】が両方とも4,000千円以上である」という条件を入力する。

※売上金額が入力されているセル範囲【C4:E13】には、表示形式「#,###,」が設定されています。千円単位で表示されていますが、値は一の位まで入力されています。

POINT NOT関数（ノット）

論理式が「TRUE」の場合は「FALSE」を、「FALSE」の場合は「TRUE」を返します。

●NOT関数

$$=NOT(\underset{❶}{論理式})$$

❶論理式
条件を満たしていないかどうかを調べる論理式を指定します。

例)
セル【E2】が「りんご」でなければ「TRUE」、「りんご」であれば「FALSE」を表示する場合
=NOT(E2="りんご")

OR（オア）

OR関数を使うと、指定した複数の条件のいずれかを満たしているかどうかを判定できます。条件を1つでも満たしている場合は「**TRUE**」を返し、すべての条件を満たしていない場合は「**FALSE**」を返します。

●OR関数
= OR（論理式1, 論理式2, ・・・）
　　　　❶

❶論理式
条件を満たしているかどうかを調べる数式を指定します。
※引数は最大255個まで指定できます。

例1)
上期売上と下期売上のどちらかが300万円以上であるかを判定する場合

例2)
上期売上と下期売上のどちらかが700万円以上であるかを判定する場合

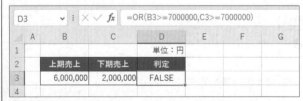

基礎知識の関数

数学・三角

論理

日付・時刻

統計

検索/行列

情報

財務

文字列操作

データベース

エンジニアリング

索引

使用例

OPEN » 第3章 シート「3-2」

売上目標金額を上期・下期とも4,000千円として、上期・下期のどちらか一方が達成している場合は「**TRUE**」、両方とも達成していない場合は「**FALSE**」を表示します。

F4				f_x	=OR(C4>=4000000,D4>=4000000)			
	A	B	C	D	E	F	G	H	I

個人別年間売上表

単位：千円

	氏名	上期売上	下期売上	年間売上	目標達成
4	島田　莉央	3,800	4,000	7,800	TRUE
5	綾辻　秀人	1,550	2,600	4,150	FALSE
6	藤倉　俊	2,300	4,700	7,000	TRUE
7	遠藤　真紀	4,200	3,600	7,800	TRUE
8	京山　秋彦	1,900	1,500	3,400	FALSE
9	川原　楓子	3,900	2,300	6,200	FALSE
10	福田　直樹	4,200	5,800	10,000	TRUE
11	斉藤　信也	4,900	4,500	9,400	TRUE
12	坂本　利雄	3,100	5,100	8,200	TRUE
13	山本　美緒	3,800	3,100	6,900	FALSE

●セル【F4】に入力されている数式

$$=OR(\underbrace{C4>=4000000,D4>=4000000}_{❶})$$

❶「上期売上のセル【C4】または下期売上のセル【D4】が4,000千円以上である」という条件を入力する。

※売上金額が入力されているセル範囲【C4:E13】には、表示形式「#,###,」が設定されています。千円単位で表示されていますが、値は1の位まで入力されています。

3 条件をもとに結果を表示する（1）

関数 IF（イフ）

IF関数を使うと、指定した条件を満たしている場合と満たしていない場合の結果を表示できます。例えば、点数によって評価する成績表などに使うことができます。

●IF関数

＝IF（論理式, 値が真の場合, 値が偽の場合）

         ❶   ❷   ❸

---

❶論理式
判断の基準となる数式を指定します。

❷値が真の場合
❶の結果が真の場合の処理を数値または数式、文字列で指定します。

❸値が偽の場合
❶の結果が偽の場合の処理を数値または数式、文字列で指定します。
※❷❸を文字列で指定する場合は「"（ダブルクォーテーション）」で囲みます。

例1）
セル【D3】の値が250,000以上であれば「A」、そうでなければ空白を表示する場合
※「"（ダブルクォーテーション）」を2回続けて入力すると空白が表示されます。

	A	B	C	D	E	F
1						
2		社員番号	氏名	今期実績	評価	
3		1001	井上　四葉	265,000	A	
4		1002	加藤　勇也	320,000	A	
5		1003	渡瀬　千紗	198,200		
6						

E3 欄: `=IF(D3>=250000,"A","")`

関数の
基礎知識

数学・三角

論理

日付・時刻

統計

検索・行列

情報

財務

文字列
操作

データ
ベース

エンジニ
アリング

索引

例2)
セル【D3】の値が250,000以上であれば「A」、そうでなければ「B」を表示する場合

E3		f_x	=IF(D3>=250000,"A","B")		
	A	B	C	D	E	F

	A	B	C	D	E	F
1						
2		社員番号	氏名	今期実績	評価	
3		1001	井上　四葉	265,000	A	
4		1002	加藤　勇也	320,000	A	
5		1003	渡瀬　千紗	198,200	B	
6						

使用例

OPEN ≫ 第3章 シート「3-3」

年間売上が7,000千円以上であれば評価に「**A**」、そうでなければ「**B**」を表示
します。

F4		f_x	=IF(E4>=7000000,"A","B")			

	A	B	C	D	E	F	G	H
1		年間売上成績						
2						単位：千円		
3		氏名	上期売上	下期売上	年間売上	評価		
4		島田　莉央	3,800	4,000	7,800	A		
5		綾辻　秀人	1,550	2,600	4,150	B		
6		藤倉　俊	2,300	4,700	7,000	A		
7		遠藤　真紀	4,200	3,600	7,800	A		
8		京山　秋彦	1,900	1,500	3,400	B		
9		川原　楓子	3,900	2,300	6,200	B		

●セル【F4】に入力されている数式

$$=IF(\underset{❶}{E4>=7000000},\underset{❷}{"A"},\underset{❸}{"B"})$$

❶「年間売上のセル【E4】が**7,000千円以上である**」という条件を入力する。

❷条件を満たしている場合に表示する文字列「**A**」を入力する。

❸条件を満たしていない場合に表示する文字列「**B**」を入力する。

※売上金額が入力されているセル範囲【C4:E13】には、表示形式「#,###,」が設定されています。
　千円単位で表示されていますが、値は1の位まで入力されています。

条件をもとに結果を表示する(2)

関数 IF（イフ）
AND（アンド）

上期や下期の売上金額によって成績評価をするような場合、IF関数とAND関数を組み合わせると、条件に合わせて処理を指定できます。

● IF関数

指定した条件を満たしている場合と満たしていない場合の結果を表示できます。

＝IF(論理式, 値が真の場合, 値が偽の場合)

❶ 論理式
判断の基準となる数式を指定します。

❷ 値が真の場合
❶の結果が真の場合の処理を数値または数式、文字列で指定します。

❸ 値が偽の場合
❶の結果が偽の場合の処理を数値または数式、文字列で指定します。
※❷❸を文字列で指定する場合は「"（ダブルクォーテーション）」で囲みます。

● AND関数

指定した複数の条件をすべて満たしているかどうかを判定できます。条件をすべて満たしている場合は「TRUE」を返し、1つでも条件を満たしていない場合は「FALSE」を返します。

＝AND(論理式1, 論理式2, ・・・)

❶ 論理式
条件を満たしているかどうかを調べる数式を指定します。
※引数は最大255個まで指定できます。

使用例

OPEN 》 第3章 シート「3-4」

上期売上と下期売上がどちらも4,000千円以上であれば評価に「**A**」、そうでなければ「**B**」を表示します。

	A	B	C	D	E	F	G	H
F4				f_x	=IF(AND(C4>=4000000,D4>=4000000),"A","B")			
1		年間売上成績						
2						単位：千円		
3		氏名	上期売上	下期売上	年間売上	評価		
4		島田　莉央	3,800	4,000	7,800	B		
5		綾辻　秀人	1,550	2,600	4,150	B		
6		藤倉　俊	2,300	4,700	7,000	B		
7		遠藤　真紀	4,200	3,600	7,800	B		
8		京山　秋彦	1,900	1,500	3,400	B		
9		川原　楓子	3,900	2,300	6,200	B		
10		福田　直樹	4,200	5,800	10,000	A		
11		斉藤　信也	4,900	4,500	9,400	A		
12		坂本　利雄	3,100	5,100	8,200	B		
13		山本　美結	3,800	3,100	6,900	B		
14								

● セル【F4】に入力されている数式

$$=IF(\underline{AND(C4>=4000000,D4>=4000000)},\underset{❷}{"A"},\underset{❸}{"B"})$$
$$\underset{❶}{}$$

❶「上期売上のセル【C4】と下期売上のセル【D4】が両方とも4,000千円以上である」という条件を入力する。

※IF関数の論理式として、AND関数を指定します。

❷条件を満たしている場合に表示する文字列「**A**」を入力する。

❸条件を満たしていない場合に表示する文字列「**B**」を入力する。

※売上金額が入力されているセル範囲【C4:E13】には、表示形式「#,###,」が設定されています。千円単位で表示されていますが、値は1の位まで入力されています。

5 複数の条件をもとに結果を表示する

IFS（イフス）

IFS関数を使うと、複数の条件を順番に判断し、条件に応じて異なる結果を表示できます。条件には、以上、以下などの比較演算子を使った数式を指定できます。

●IFS関数

＝IFS(論理式1, 値が真の場合1, 論理式2, 値が真の場合2, …,

❶　　　　❷　　　　　❸　　　　　❹

TRUE, 当てはまらなかった場合)

❺　　　　❻

---

❶論理式1
判断の基準となる1つ目の条件を数式で指定します。

❷値が真の場合1
1つ目の論理式が真の場合の値を数値または数式、文字列で指定します。

❸論理式2
判断の基準となる2つ目の条件を数式で指定します。

❹値が真の場合2
2つ目の論理式が真の場合の値を数値または数式、文字列で指定します。

❺TRUE
TRUEを指定すると、すべての論理式に当てはまらなかった場合を指定できます。

❻当てはまらなかった場合
すべての論理式に当てはまらなかった場合の値を数値または数式、文字列で指定します。
※❷❹❻を文字列で指定する場合は「"（ダブルクォーテーション）」で囲みます。
※「論理式」と「値が真の場合」の組み合わせは、最大127組まで指定できます。

例)
セル【D3】の値が300,000以上であれば「A」、250,000以上300,000未満であれば「B」、250,000未満であれば「C」と表示する場合
=IFS(D3>=300000,"A",D3>=250000,"B",TRUE,"C")

使用例

OPEN 》第3章 シート「3-5」

年間売上が8,000千円以上であれば評価に「**A**」、6,000千円以上8,000千円未満であれば「**B**」、4,000千円以上6,000千円未満であれば「**C**」、それ以外は「**D**」を表示します。

	A	B	C	D	E	F	G	H	I
F4				fx	=IFS(E4>=8000000,"A",E4>=6000000,"B",E4>=4000000,"C",TRUE,"D")			
1		年間売上成績							
2						単位：千円			
3		氏名	上期売上	下期売上	年間売上	評価			
4		島田　莉央	3,800	4,000	7,800	B			
5		綾辻　秀人	1,550	2,600	4,150	C			
6		藤倉　俊	2,300	4,700	7,000	B			
7		遠藤　真紀	4,200	3,600	7,800	B			
8		京山　秋彦	1,900	1,500	3,400	D			
9		川原　楓子	3,900	2,300	6,200	B			
10		福田　直樹	4,200	5,800	10,000	A			
11		斉藤　信也	4,900	4,500	9,400	A			
12		坂本　利雄	3,100	5,100	8,200	A			
13		山本　美結	3,800	3,100	6,900	B			
14									

● セル【F4】に入力されている数式

= IFS(E4>=8000000,"A",E4>=6000000,"B",E4>=4000000,"C",TRUE,"D")
　　　❶　　　　❷　　　❸　　　　❹　　　❺　　　　❻　　　❼

❶「年間売上のセル【E4】が8,000千円以上である」という条件を入力する。
❷条件を満たしている場合に表示する文字列「**A**」を入力する。
❸「年間売上のセル【E4】が6,000千円以上である」という条件を入力する。
❹条件を満たしている場合に表示する文字列「**B**」を入力する。
❺「年間売上のセル【E4】が4,000千円以上である」という条件を入力する。
❻条件を満たしている場合に表示する文字列「**C**」を入力する。
❼すべての条件を満たさない場合に表示する文字列「**D**」を入力する。

関数 SWITCH（スイッチ）

SWITCH関数を使うと、複数の値を検索し、一致した値に対応する結果を表示できます。

値には、数値や文字列などを指定できます。指定した数値や文字列によってそれぞれ異なる結果を表示したいときに使います。

● SWITCH関数

＝SWITCH（式, 値1, 結果1, 値2, 結果2, ・・・, 既定の結果）
　　　　　　❶　　❷　　❸　　❹　　❺　　　　　　❻

---

❶式

検索する値を、数値または数式、文字列で指定します。

❷値1

❶と比較する1つ目の値を、数値または数式、文字列、セルで指定します。

❸結果1

❶が❷と合致するときに返す結果を、数値または数式、文字列、セルで指定します。

❹値2

❶と比較する2つ目の値を、数値または数式、文字列、セルで指定します。

❺結果2

❶が❹と合致するときに返す結果を、数値または数式、文字列、セルで指定します。

❻既定の結果

❶がどの値にも一致しなかったときに返す結果を指定します。省略した場合はエラー「＃N/A」が返されます。

※「値」と「結果」の組み合わせは、最大126組まで指定できます。

例）
セル【E2】が「A」であれば「優」、「B」であれば「良」、「C」であれば「可」、それ以外は「不可」を表示する場合

| F2 | ▼ : × ✓ fx | =SWITCH(E2,"A","優","B","良","C","可","不可") |

	A	B	C	D	E	F	G	H
1		社員番号	氏名	今期実績	ランク	表示		
2		1001	井上　四葉	265,000	B	良		
3		1002	加藤　勇也	320,000	A	優		
4		1003	渡瀬　千紗	198,200	C	可		
5		1004	佐川　瑞樹	198,200	C	可		

使用例 ───────────── OPEN » 第3章 シート「3-6」

「**出張区分**」に**A**と入力すると「**日帰出張**」、**B**と入力すると「**宿泊出張**」、それ以外の場合は「**区分を入力**」と表示します。

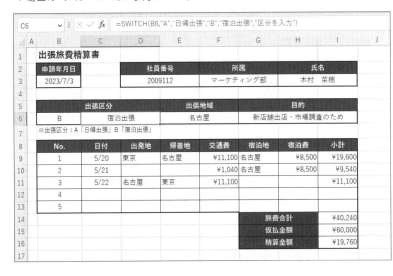

● セル【C6】に入力されている数式

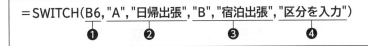

=SWITCH(B6, "A", "日帰出張", "B", "宿泊出張", "区分を入力")
　　　　❶　　　❷　　　　　　　❸　　　　　　　❹

❶検索する値としてセル【B6】を指定する。
❷検索する値が「**A**」の場合に表示する文字列「**日帰出張**」を入力する。
❸検索する値が「**B**」の場合に表示する文字列「**宿泊出張**」を入力する。
❹検索する値がそれ以外の場合に表示する文字列「**区分を入力**」を入力する。

CHOOSE関数（チューズ）

CHOOSE関数を使うと、インデックス（検索値）に対応する値を表示できます。インデックスには数値を指定します。SWITCH関数のように文字列は指定できません。また、一致しなかったときの値も指定できません。この関数は「検索/行列関数」に分類されています。

●CHOOSE関数

= CHOOSE(<u>インデックス</u>, <u>値1, 値2, ・・・</u>)
   ❶   ❷

---

❶インデックス
❷の左から何番目を表示するかを指定します。数値やセルを指定します。

❷値
❶で選択する値を指定します。最大254個まで指定できます。

例1）
「日」～「土」のうち、左から2番目に並ぶ「月」を表示する場合
=CHOOSE(2,"日","月","火","水","木","金","土")

例2）
セル【B6】が「1」であれば「日帰出張」、「2」であれば「宿泊出張」を表示する場合

CHOOSE関数を使って、使用例と同じように結果を表示するには、検索値となる「出張区分」の「A」や「B」を数値に変更して入力します。

| C6 | ▾ | : | × ✓ f_x | =CHOOSE(B6,"日帰出張","宿泊出張") | | | | |

	A	B	C	D	E	F	G	H	I
1		**出張旅費精算書**							
2		**申請年月日**		**社員番号**		**所属**		**氏名**	
3		2023/7/3		2001112		マーケティング部		木村　菜穂	
4									
5		**出張区分**		**出張地域**		**目的**			
6		2	宿泊出張		名古屋	新店舗出店・市場調査のため			
7		※出張区分：1「日帰出張」2「宿泊出張」							
8		**No.**	**日付**	**出発地**	**帰着地**	**交通費**	**宿泊地**	**宿泊費**	**小計**
9		1	5/20	東京	名古屋	¥11,100	名古屋	¥8,500	¥19,600
10		2	5/21			¥1,040	名古屋	¥8,500	¥9,540
11		3	5/22	名古屋	東京	¥11,100			¥11,100
12		4							
13		5							

関数の基礎知識

数学/三角

論理

日付/時刻

統計

検索/行列

情報

財務

文字列操作

データベース

エンジニアリング

索引

7 数式のエラー表示を回避する

IFERROR関数を使うと、数式がエラーかどうかをチェックして、エラーの場合は指定の値を返し、エラーでない場合は数式の結果を返すことができます。

● IFERROR関数

＝IFERROR(値, エラーの場合の値)

❶値
判断の基準となる数式を指定します。

❷エラーの場合の値
❶の結果がエラーの場合に返す値を指定します。

POINT IFNA関数（イフエヌエー）

数式の結果が#N/Aのエラーかどうかをチェックして、#N/Aのエラーの場合は指定の値を返し、#N/Aのエラーでない場合は数式の結果を返します。

● IFNA関数

＝IFNA(値, NAの場合の値)

❶値
判断の基準となる数式を指定します。

❷NAの場合の値
❶の結果が#N/Aの場合に返す値を指定します。

受講率を計算し、その結果がエラーの場合、「**入力待ち**」と表示します。

| | F4 | ✓ : × ✓ fx | =IFERROR(E4/D4,"入力待ち") | | | |

	A	B	C	D	E	F	G
1		**セミナー開催状況**					
2							
3		**開催日**	**セミナー名**	**定員**	**受講者数**	**受講率**	
4		2023/7/4	日本料理入門	20	16	80%	
5		2023/7/5	日本料理応用	20	19	95%	
6		2023/7/7	洋菓子専科			入力待ち	
7		2023/7/11	イタリア料理入門			入力待ち	
8		2023/7/17	イタリア料理応用			入力待ち	
9		2023/7/18	フランス料理入門			入力待ち	
10		2023/7/19	フランス料理応用			入力待ち	
11		2023/7/21	和菓子専科			入力待ち	
12		2023/8/23	中華料理入門			入力待ち	
13		2023/8/24	中華料理応用			入力待ち	
14		2023/9/2	日本料理入門			入力待ち	
15		2023/9/4	日本料理応用			入力待ち	
16		2023/9/6	洋菓子専科			入力待ち	
17		2023/9/9	イタリア料理入門			入力待ち	
18		2023/9/10	イタリア料理応用			入力待ち	
19		2023/9/16	フランス料理入門			入力待ち	
20		2023/9/17	フランス料理応用			入力待ち	

● **セル【F4】に入力されている数式**

=IFERROR(<u>E4/D4</u>, <u>"入力待ち"</u>)
     ❶   ❷

❶ 受講者数を定員で割る数式「**E4/D4**」を入力する。

❷ 数式の結果がエラーだった場合に表示する文字列「**入力待ち**」を入力する。

※受講率のセル範囲【F4：F21】には、パーセントの表示形式が設定されています。

第4章

日付/時刻関数

1 日付を和暦で表示する

関数 DATESTRING（デイトストリング）

DATESTRING関数を使うと、指定された日付を和暦で表示することができます。

※DATESTRING関数は、《関数の挿入》ダイアログボックスから入力できません。直接入力します。

● **DATESTRING関数**

＝DATESTRING(シリアル値)
　　　　　　　　　❶

---

❶シリアル値
和暦で表す日付をシリアル値または日付、セルで指定します。
※日付で指定する場合は「"（ダブルクォーテーション）」で囲みます。

例1)
セル【A1】に「2023/7/31」と入力されている場合
＝DATESTRING(A1) → 令和05年07月31日

例2)
「2023/7/31」を和暦にする場合
＝DATESTRING("2023/7/31") → 令和05年07月31日

※和暦で表示できるのは、1900年1月1日〜9999年12月31日までの日付です。

使用例

OPEN 》 第4章 シート「4-1」

基礎知識 関数の

数学/三角

論理

日付/時刻

統計

検索/行列

情報

財務

文字列 操作

データ ベース

エンジニ アリング

索引

注文日を和暦にして、発行日として表示します。

	A	B	C	D	E	F	G
F1			f_x =DATESTRING(C6)				
1					発行日：	令和05年07月13日	
2			注文確認書				
3							
4		**株式会社北本電気販売　御中**					
5					株式会社FOMアプライアンス		
6		注文日	2023/7/13		〒212-0014		
7		納品日	2023/7/24		神奈川県川崎市幸区XXXXX		
8		※納品には6営業日かかります。			TEL：	044-771-XXXX	
9					登録番号：	T1234567890123	
10		●ご注文商品					
11		型番	商品名	単価	数量	金額	
12		1011	冷蔵庫 BR47D	198,000	5	990,000	
13		1012	冷蔵庫 AC36H	115,000	5	575,000	
14		1023	電子レンジ ZY004	39,000	3	117,000	
15		1041	炊飯器 JLV5	29,800	10	298,000	
16		1071	ジューサーミキサー JM8	9,800	3	29,400	
17				小計		2,009,400	
18				消費税	10%	200,940	
19				合計		2,210,340	
20							

●セル【F1】に入力されている数式

$$=DATESTRING(\underset{❶}{C6})$$

❶和暦で表示する日付として注文日のセル【C6】を指定する。

関数
WORKDAY（ワークデイ）

WORKDAY関数を使うと、指定した日数が経過した日付を、土日や祝祭日などの休日を除いた営業日で求めることができます。

●WORKDAY関数

＝WORKDAY（開始日, 日数, 祭日）

　　　　　　　　❶　　　 ❷　　 ❸

---

❶開始日
対象期間の開始日を表す日付またはセルで指定します。

❷日数
計算する日数を指定します。正の数を指定すると開始日以降の日付が求められ、負の数を指定すると開始日以前の日付が求められます。
※小数点以下は切り捨てられ、計算されません。

❸祭日
国民の祝日や夏期休暇など、稼働日数の計算から除外する日付またはセル、セル範囲を指定します。
※省略できます。省略すると土日を除いた日数が求められます。

例）
セル【C3】に納品日（4営業日後）を求める場合

	A	B	C	D	E	F	G
1					2023年1月の休業日		
2		注文日	2023/1/1		月日	名称	
3		納品日	2023/1/10		1月1日	元日	
4		※納品は4営業日後			1月2日	振替休日	
5					1月3日	冬期休業	
6					1月9日	成人の日	
7							

C3 ∨ ：× ✓ fx ＝WORKDAY(C2,4,E3:E6)

※求められた日付は、シリアル値で表示されるため表示形式を設定する必要があります。

使用例

OPEN 》 第4章 シート「4-2」「休業日」

土日や祝祭日などの休業日を除いて、注文日から6営業日後の納品日を求めます。

● セル【C7】に入力されている数式

$$=WORKDAY(C6,6,休業日!C3:C26)$$
　　　　　❶ ❷　　❸

❶ 開始日を表す日付として注文日のセル【C6】を指定する。

❷ 注文日から6営業日後を求めるため「6」を入力する。

❸ 稼働日数の計算から除外する日付として、シート「休業日」のセル範囲【C3: C26】を指定する。

※別シートを参照する場合は「シート名!セルまたはセル範囲」で指定します。
※納品日のセル【C6】には、日付の表示形式が設定されています。

73

3 土日祝祭日を除く日数を求める

関数 NETWORKDAYS（ネットワークデイズ）

NETWORKDAYS関数を使うと、対象期間から土日や祝祭日などの休日を除いた稼働日数を求めることができます。

●NETWORKDAYS関数

= NETWORKDAYS（開始日, 終了日, 祭日）
           ❶   ❷   ❸

---

❶開始日
対象期間の開始日を日付またはセルで指定します。

❷終了日
対象期間の終了日を日付またはセルで指定します。

❸祭日
国民の祝日や夏期休暇など、稼働日数の計算から除外する日付またはセルを指定します。
※省略できます。省略すると土日を除いた日数が求められます。

例）
セル【C4】に稼働日数を求める場合

	A	B	C	D	E	F	G	H
1					2023年1月の休業日			
2		注文日	2023/1/1		月日	名称		
3		納品日	2023/1/10		1月1日	元日		
4		稼働日	4		1月2日	振替休日		
5					1月3日	冬期休業		
6					1月9日	成人の日		
7								

C4 の数式バー： =NETWORKDAYS(C2,C3,E3:E6)

使用例

OPEN ≫ 第4章 シート「4-3」「休業日」

勤務開始日から勤務終了日までの日数から、土日や祝祭日などの休業日を除いた勤務日数を求めます。

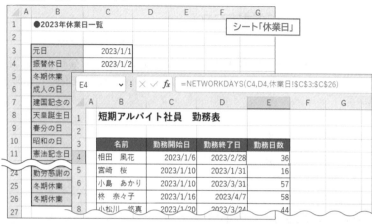

●セル【E4】に入力されている数式

$$= NETWORKDAYS(C4, D4, 休業日!\$C\$3:\$C\$26)$$

❶開始日を表す日付として勤務開始日のセル【C4】を指定する。

❷終了日を表す日付として勤務終了日のセル【D4】を指定する。

❸稼働日数の計算から除外する日付として、シート**「休業日」**のセル範囲【C3：C26】を指定する。

※別シートを参照する場合は「シート名!セルまたはセル範囲」で指定します。
※数式をコピーするため、絶対参照で指定します。

POINT　WORKDAY関数とNETWORKDAYS関数の違い

WORKDAY関数とNETWORKDAYS関数は、次のような違いがあります。

●WORKDAY関数 稼働日の日付を求める 例) 1月6日の2営業日後は、 土日や祝祭日を除くと 1月11日。			●NETWORKDAYS関数 稼働日数を求める 例) 土日や祝祭日を除く 1月6日～1月11日の期間 に、営業日が3日ある。
基準日	2023/1/6(金)	営業日①	
	2023/1/7(土)		
	2023/1/8(日)		
	2023/1/9(祝)		
1営業日後	2023/1/10(火)	営業日②	
2営業日後	2023/1/11(水)	営業日③	

EOMONTH（エンドオブマンス）

EOMONTH関数を使うと、「**当月末**」や「**指定した月数後の末日**」などの月末の日付を求めることができます。月によって30日や31日ある場合も簡単に求められます。

● **EOMONTH関数**

= EOMONTH（開始日, 月）
　　　　　　❶　　 ❷

---

❶開始日
対象期間の開始日を日付またはセルで指定します。

❷月
計算する月数を指定します。正の数を指定すると開始日以降の日付が求められ、負の数を指定すると開始日以前の日付が求められます。
※小数点以下は切り捨てられ、計算されません。
※当月は「0」を指定します。

例）
セル【C3】に支払期日を求める場合

| C3 | ❯ | : | × ✓ fx | =EOMONTH(C2,2) |

▲	A	B	C	D	E	F	G
1							
2		受講日	2023/7/5				
3		受講料支払期日	2023/9/30				
4		※支払期日は2か月後の末日					
5							

※求められた日付は、シリアル値で表示されるため表示形式を設定する必要があります。

お支払期限として、発行日の翌月末の日付を求めます。

	C8		▼ : × ✓ fx	=EOMONTH(F2,1)		
⊿	A	B	C	D	E	F	G

	A	B	C	D	E	F	G
1					請求No：	2307198	
2					発行日：	2023/7/13	
3			請求書				
4							
5		株式会社北本電気販売　御中					
6					株式会社FOMアプライアンス		
7		ご請求金額	¥2,210,340		〒212-0014		
8		お支払期限	2023/8/31		神奈川県川崎市幸区XXXXX		
9		※お支払期限は発行日の翌月末です。			TEL：	044-771-XXXX	
10					登録番号：	T1234567890123	
11		●ご注文商品					
12		型番	商品名	単価	数量	金額	
13		1011	冷蔵庫 BR47D	198,000	5	990,000	
14		1012	冷蔵庫 AC36H	115,000	5	575,000	
15		1023	電子レンジ ZY004	39,000	3	117,000	
16		1041	炊飯器 JLV5	29,800	10	298,000	
17		1071	ジューサーミキサー JM8	9,800	3	29,400	
18				小計		2,009,400	
19		●振込先		消費税	10%	200,940	
20		XXX銀行XX支店　普通XXXXXXXX		合計		2,210,340	
21		カ）エフオーエムアプライアンス					

●セル【C8】に入力されている数式

$$= EOMONTH(F2, 1)$$
❶ ❷

❶開始日を表す日付として、発行日のセル【F2】を指定する。
❷発行日から1か月後の末日を求めるため「1」を入力する。
※お支払期限のセル【C8】には、日付の表示形式が設定されています。

関数 DATEDIF（デイトディフ）
TODAY（トゥデイ）

指定した日付から今日までどれくらいの期間が経過したかを求める場合、
DATEDIF関数とTODAY関数を組み合わせて使います。
※DATEDIF関数は、《関数の挿入》ダイアログボックスから入力できません。直接入力します。

●DATEDIF関数

指定した日付から日付までどれくらいの期間が経過したかを求めます。

＝DATEDIF（開始日, 終了日, 単位）
　　　　　　❶　　　 ❷　　　 ❸

---

❶開始日
対象期間の開始日を日付またはセルで指定します。

❷終了日
対象期間の終了日を日付またはセルで指定します。
※❶❷を日付で指定する場合は「"（ダブルクォーテーション）」で囲みます。

❸単位
表示する期間の単位を指定します。
※単位は「"（ダブルクォーテーション）」で囲みます。
※大文字・小文字のどちらでもかまいません。

単位	意味	数式例	結果
Y	期間内の満年数	=DATEDIF("2022/1/1","2023/2/1","Y")	1（年）
M	期間内の満月数	=DATEDIF("2022/1/1","2023/2/1","M")	13（か月）
D	期間内の満日数	=DATEDIF("2022/1/1","2023/2/1","D")	396（日）
YM	1年未満の月数	=DATEDIF("2022/1/1","2023/2/1","YM")	1（か月）
YD	1年未満の日数	=DATEDIF("2022/1/1","2023/2/1","YD")	31（日）
MD	1か月未満の日数	=DATEDIF("2022/1/1","2023/2/1","MD")	0（日）

●TODAY関数

本日の日付を表示します。

＝TODAY（ ）

引数はありません。「（ ）」は必ず入力します。

関数の
基礎知識

数学・三角

論理

日付・時刻

統計

検索・行列

情報

財務

文字列
操作

データ
ベース

エンジニ
アリング

索引

(使用例) ————————————————————— OPEN 》 第4章 シート「4-5」

製品ごとに、購入年月日から本日までの使用年数を求めます。

E4			f_x	=DATEDIF(D4,TODAY(),"Y")		
	A	B	C	D	E	F
1		備品使用年数管理表				
2						
3		No.	製品名	購入年月日	使用年数	
4		101	モノクロプリンター C505	2019/9/10	3	
5		102	モノクロプリンター C710	2020/6/10	3	
6		103	カラープリンター VC5000	2021/6/10	2	
7		104	プロジェクター CV-40	2021/10/7	1	
8						

●セル【E4】に入力されている数式

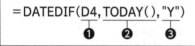

$$= DATEDIF(\underset{❶}{D4}, \underset{❷}{TODAY(\ )}, \underset{❸}{"Y"})$$

❶ 開始日を表す日付として購入年月日のセル【D4】を指定する。

❷ 終了日を表す日付として本日の日付を表示するため、TODAY関数を入力する。

❸ 使用した年数を求めるため「Y」を入力する。

※この例では、本日の日付を「2023年7月1日」としているため、操作日によっては結果が図と異なる場合があります。

> ## POINT　NOW関数（ナウ）
>
> 現在の日付と時刻を表すシリアル値を返します。
>
> ● NOW関数
>
> = NOW( )
>
> 引数はありません。「( )」は必ず入力します。

関数	DATE（デイト） YEAR（イヤー） MONTH（マンス）

支払いの請求日や商品の納品日など、決まった日付を求める場合、DATE関数とYEAR関数、MONTH関数を組み合わせて使います。

● DATE関数

年、月、日のデータから日付を求めます。

$$= \text{DATE}(年, 月, 日)$$

①② ③

①年
年を数値またはセルで指定します。1900～9999までの整数で指定します。

②月
月を数値またはセルで指定します。1～12までの整数で指定します。
※12より大きい数値にした場合、次の年以降の月として計算されます。

③日
日を数値またはセルで指定します。1～31までの整数で指定します。
※その月の最終日を超える数値にした場合、次の月以降の日付として計算されます。

例）
セル【F8】に初回受講日を求める場合

F8	▾	:	× ✓ fx	=DATE(B1,D1,F4)

	A	B	C	D	E	F	G	H
1		2023	年	7	月度	受講日程表		
2								
3		**Web制作コース**				**受講日**		
4		HTML/CSS入門				20		
5		HTML/CSS応用				25		
6		コーディング演習				28		
7								
8		**初回受講日**				2023/7/20		
9								

関数の基礎知識

数学/三角

論理

日付/時刻

統計

検索/行列

情報

財務

文字列操作

データベース

エンジニアリング

索引

● YEAR関数

1900～9999までの整数で日付に対応する「年」を求めます。

＝YEAR(シリアル値)
          ❶

❶シリアル値
日付をシリアル値または日付、セルで指定します。
※日付で指定する場合は「"(ダブルクォーテーション)」で囲みます。

例1)
セル【A1】に「2023/1/1」と入力されている場合
＝YEAR(A1) → 2023

例2)
「2023/1/31」の「年」を求める場合
＝YEAR("2023/1/31") → 2023

● MONTH関数

1～12までの整数で日付に対応する「月」を求めます。

＝MONTH(シリアル値)
           ❶

❶シリアル値
日付をシリアル値または日付、セルで指定します。
※日付で指定する場合は「"(ダブルクォーテーション)」で囲みます。

例)
セル【A1】に「2023/1/1」と入力されている場合
＝MONTH(A1) → 1

POINT DAYS関数(デイズ)

2つの日付の間の日数を求めます。

● DAYS関数
＝DAYS(終了日, 開始日)
        ❶   ❷

❶終了日
2つの日付のうち、新しい日付を指定します。

❷開始日
2つの日付のうち、古い日付を指定します。

お支払期限として、発行日の翌月15日の日付を求めます。

	C8		✓ : × ✓ fx	=DATE(YEAR(F2),MONTH(F2)+1,15)		
	A	B	C	D	E	F	G

	A	B	C	D	E	F	G
1					請求No：	2307198	
2					発行日：	2023/7/13	
3			請求書				
4							
5		**株式会社北本電気販売　御中**					
6					株式会社FOMアプライアンス		
7		ご請求金額	¥2,210,340		〒212-0014		
8		お支払期限	2023/8/15		神奈川県川崎市幸区XXXXX		
9		※お支払期限は発行日の翌月15日です。			TEL：	044-771-XXXX	
10					登録番号：	T1234567890123	
11		●ご注文商品					
12		型番	商品名	単価	数量	金額	
13		1011	冷蔵庫 BR47D	198,000	5	990,000	
14		1012	冷蔵庫 AC36H	115,000	5	575,000	
15		1023	電子レンジ ZY004	39,000	3	117,000	
16		1041	炊飯器 JLV5	29,800	10	298,000	
17		1071	ジューサーミキサー JM8	9,800	3	29,400	
18				小計		2,009,400	
19		●振込先		消費税	10%	200,940	
20		XXX銀行XX支店　普通XXXXXXXX		合計		2,210,340	
21		カ）エフオーエムアプライアンス					

●セル【C8】に入力されている数式

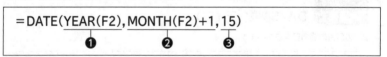

=DATE(YEAR(F2),MONTH(F2)+1,15)
　　　❶　　　　　　❷　　　　❸

❶ 発行日の年月日から「**年**」を取り出すため、YEAR関数を入力し、引数に発行日のセル【**F2**】を指定する。

❷ 発行日の年月日から「**月**」を取り出すため、MONTH関数を入力し、引数に発行日のセル【**F2**】を指定する。翌月を求めるため「**+1**」を入力する。

❸ お支払期限の「**15日**」を求めるため「**15**」を入力する。

関数の基礎知識

数学/三角

論理

日付/時刻

統計

検索/行列

情報

財務

文字列操作

データベース

エンジニアリング

索引

7 平日の総勤務時間を合計する

関数 | SUMPRODUCT（サムプロダクト）
数 | WEEKDAY（ウィークデイ）

SUMPRODUCT関数とWEEKDAY関数を組み合わせると、平日かどうかを判定し、平日分だけの勤務時間の合計を求めることができます。

●SUMPRODUCT関数

指定したセル範囲で相対位置にある数値同士の掛け算を行い、その掛け算の結果の合計を求めます。この関数は「数学/三角関数」に分類されています。

＝SUMPRODUCT(配列1, 配列2, ・・・)

❶配列
数値が入力されているセル範囲を指定します。
※引数は最大255個まで指定できます。
※配列をセル範囲で指定する場合は、同じ行数と列数を持つセル範囲を指定します。

●WEEKDAY関数

シリアル値に対応する曜日の番号を返します。

＝WEEKDAY(シリアル値, 種類)

❶シリアル値
日付をシリアル値または日付、セルで指定します。
※日付で指定する場合は「"（ダブルクォーテーション）」で囲みます。

❷種類
曜日の基準になる種類を指定します。指定した種類に対応する計算結果は、次のとおりです。

種類	計算結果（指定した種類に対応する曜日の番号）						
	日	月	火	水	木	金	土
1または省略	1	2	3	4	5	6	7
2	7	1	2	3	4	5	6
3	6	0	1	2	3	4	5

例)
＝WEEKDAY(A2,2)
セル【A2】の日付が「2023/7/1」の場合、「6」（土曜日に対応する番号）を返します。

条件に照らし合わせて求められる論理値が「TRUE」の場合は「1」、「FALSE」の場合は「0」となり、「0」は何を掛けても「0」になる性質を利用して、SUMPRODUCT関数で求める合計の対象から外しています。

●男性の合計購入数を求める

性別	購入数
男	10
女	5
男	10
女	5

合計購入数
20

性別	判定
男	TRUE
女	FALSE
男	TRUE
女	FALSE

×1

数値化
1
0
1
0

性別	数値化	購入数
男	1	10
女	0	5
男	1	10
女	0	5

→ 1 × 10
→ 0 × 5
→ 1 × 10
→ 0 × 5

= 合計 20

使用例

OPEN ≫ 第4章 シート「4-7」

平日と休日のそれぞれの勤務時間合計を求めます。

fx =SUMPRODUCT((WEEKDAY(B7:B37,2)<6)*1,F7:F37)

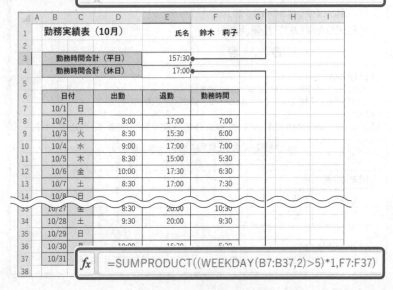

	A	B	C	D	E	F	G	H	I
1		勤務実績表（10月）			氏名	鈴木 莉子			
2									
3		勤務時間合計（平日）			157:30				
4		勤務時間合計（休日）			17:00				
5									
6		日付		出勤	退勤	勤務時間			
7		10/1	日						
8		10/2	月	9:00	17:00	7:00			
9		10/3	火	8:30	15:30	6:00			
10		10/4	水	9:00	17:00	7:00			
11		10/5	木	8:30	15:00	5:30			
12		10/6	金	10:00	17:30	6:30			
13		10/7	土	8:30	17:00	7:30			
14		10/8	日						
33		10/27	金	8:30	20:00	10:30			
34		10/28	土	9:30	20:00	9:30			
35		10/29	日						
36		10/30	月	10:00	16:20	5:20			
37		10/31							

fx =SUMPRODUCT((WEEKDAY(B7:B37,2)>5)*1,F7:F37)

●セル【E3】に入力されている数式

$$=SUMPRODUCT((WEEKDAY(B7:B37,2)<6) *1,F7:F37)$$

❶　　　　　　　　　　　❷　❸

❶日付のセル範囲【B7:B37】の曜日を求め、平日であるかどうかを判定する条件式を入力する。WEEKDAY関数の引数の種類に「2」を指定すると、「6」より小さい番号が平日と判定される。

❷❶で求められる論理値が「TRUE」の場合は「1」、「FALSE」の場合は「0」に数値化するため「1」を掛ける。

❸勤務時間のセル範囲【F7:F37】を指定する。❷の結果、「1」になるセルだけを合計する。

●セル【E4】に入力されている数式

$$=SUMPRODUCT((WEEKDAY(B7:B37,2)>5) *1,F7:F37)$$

❶　　　　　　　　　　　❷　❸

❶日付のセル範囲【B7:B37】の曜日を求め、休日であるかどうかを判定する条件式を入力する。WEEKDAY関数の引数の種類に「2」を指定すると、「5」より大きい番号が休日と判定される。

❷❶で求められる論理値が「TRUE」の場合は「1」、「FALSE」の場合は「0」に数値化するため「1」を掛ける。

❸勤務時間のセル範囲【F7:F37】を指定する。❷の結果、「1」になるセルだけを合計する。

※セル範囲【F7:F37】に設定してあるTIME関数は、P.88で解説しています。
※勤務時間合計のセル範囲【E3:E4】には、表示形式「[h]:mm」が設定されています。

<table>
<tr><td>関数</td><td>DAY（デイ）
HOUR（アワー）
MINUTE（ミニット）</td></tr>
</table>

DAY関数、HOUR関数、MINUTE関数を使うと、時刻表示の勤務時間から時間や分を数値で取り出して、給料などの計算に利用できる勤務時間数を求めることができます。時刻表示は24時間を「1」とするシリアル値で管理されているため数値に変換します。

●DAY関数

日付の「年月日」から「日」を数値として取り出します。また、時刻から24時間を「1」日とする数値に変換して取り出します。

＝DAY（シリアル値）

---

❶シリアル値

日付や時刻を文字列またはセルで指定します。

※文字列で指定する場合は「"（ダブルクォーテーション）」で囲みます。

※DAY関数の計算結果は1〜31までの整数で表示されます。

例）
利用時間から利用日数に換算した結果を、クーポン進呈枚数として求める場合

D4	∨ : × ✓ fx	=DAY(C4)		

	A	B	C	D	E	F
1		レンタカー利用促進フェア				
2		※1日利用するごとに、次回使えるクーポンを1枚進呈				
3		利用者名	利用時間	進呈枚数		
4		麻生　二乃	48:00	2		
5		吉岡　桜子	54:00	2		
6		檜山　大吾	28:00	1		
7		渡辺　健	18:00	0		

※24時間に満たない時間は切り捨てられます。

関数の
基礎知識

数学/三角

論理

日付/時刻

統計

検索/行列

情報

財務

文字列
操作

データ
ベース

エンジニ
アリング

索引

● HOUR関数

時刻の「時、分、秒」から「時」を数値として取り出します。

$$= HOUR(\underline{シリアル値})$$

❶ シリアル値
時刻を文字列またはセルで指定します。
※文字列で指定する場合は「"(ダブルクォーテーション)」で囲みます。
※HOUR関数の計算結果は0～23までの整数で表示されます。

例)
時刻表示の利用時間から利用料金を求める場合

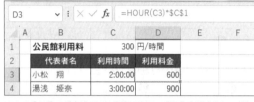

D3		✕ ✓ fx	=HOUR(C3)*$C$1		
	A	B	C	D	E	F
1		公民館利用料		300 円/時間		
2		代表者名	利用時間	利用料金		
3		小松 翔	2:00:00	600		
4		湯浅 姫奈	3:00:00	900		

※セル【C3】の時刻表示は、「0.08333」という小数点以下の値（シリアル値）で管理されています。そこで、HOUR関数で時刻表示の「時」を数値として取り出してから計算に利用します。

● MINUTE関数

時刻の「時、分、秒」から「分」を数値として取り出します。

$$= MINUTE(\underline{シリアル値})$$

❶ シリアル値
時刻を文字列またはセルで指定します。
※文字列で指定する場合は「"(ダブルクォーテーション)」で囲みます。
※MINUTE関数の計算結果は0～59までの整数で表示されます。

例)
時刻表示の「分」を取り出す場合

F3		✕ ✓ fx	=MINUTE(E3)		
	A	B	C	D	E	F
1		所要時間				
2		交通手段	出発	到着	所要時間	所要時間(分)
3		徒歩	7:55	8:38	0:43	43
4		自転車	8:10	8:36	0:26	26
5		バス	8:22	8:38	0:16	16

使用例

給与計算のため、時刻表示の勤務時間を数値に変換します。

D4		: × ✓ fx	=DAY(C4)*24+HOUR(C4)+MINUTE(C4)/60				
	A	B	C	D	E	F	G	H
1		アルバイト給与計算				2023年7月分		
2								
3		氏名	勤務時間：時刻表示	勤務時間：数値換算	時給	支給額	
4		青木　悠斗	58:30	58.50	¥1,000	¥58,500	
5		柿沢　稔	62:45	62.75	¥1,050	¥65,890	
6		佐藤　麻結	42:20	42.33	¥1,030	¥43,610	
7		田中　ほなみ	45:15	45.25	¥1,030	¥46,610	

●**セル【D4】に入力されている数式**

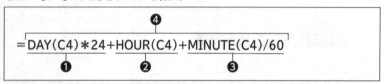

❶勤務時間：時刻表示のセル【C4】からDAY関数を使って日数を求め、「**24**」を掛けて「**時**」単位に換算する。

❷HOUR関数で「**時**」を取り出す。

❸MINUTE関数で「**分**」を取り出し、「**60**」で割って「**時**」単位に換算する。

❹❶❷❸それぞれを合計して時刻表示の勤務時間を数値に変換する。

※HOUR関数は24時間で1日として繰り上がるため、24時間未満の端数の時間しか取り出せません。ここでは、DAY関数で日数を計算します。

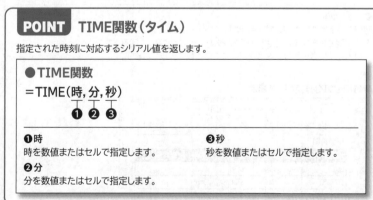

POINT TIME関数（タイム）

指定された時刻に対応するシリアル値を返します。

●**TIME関数**
=TIME(時, 分, 秒)
　　　　❶ ❷ ❸

❶**時**
時を数値またはセルで指定します。

❷**分**
分を数値またはセルで指定します。

❸**秒**
秒を数値またはセルで指定します。

第5章

5

統計関数

1 範囲内の数値を平均する

関数 AVERAGE（アベレージ）

AVERAGE関数を使うと、指定した範囲や数値の平均を求めることができます。《ホーム》タブ→《編集》グループの $\boxed{\Sigma \cdot}$（合計）の $\boxed{\cdot}$ をクリックして表示される一覧から《平均》を選択すると、AVERAGE関数が入力され簡単に平均を求めることができます。

● AVERAGE関数

＝AVERAGE（<u>数値1, 数値2, ・・・</u>）
　　　　　　　　　❶

---

❶数値
平均を求めるセル範囲または数値を指定します。
※引数は最大255個まで指定できます。
※範囲内の文字列や空白セルは計算の対象になりません。

例1)
セル範囲【A1：A10】の平均を求める場合
＝AVERAGE（A1：A10）

例2)
セル範囲【A1：A10】、セル【A15】、100の平均を求める場合
＝AVERAGE（A1：A10, A15, 100）

使用例 ──────────── OPEN » 第5章 シート「5-1」

全員の売上成績の平均を求めます。

	A	B	C	D	E	F
1		年間売上成績表				
2					単位：千円	
3		氏名	上期売上	下期売上	年間売上	
4		島田　莉央	3,800	4,000	7,800	
5		綾辻　秀人	1,550	2,600	4,150	
6		藤倉　俊	2,300	4,700	7,000	
7		遠藤　真紀	4,200	3,600	7,800	
8		京山　秋彦	1,900	1,500	3,400	
9		川原　楓子	3,900	2,300	6,200	
10		福田　直樹	4,200	5,800	10,000	
11		斉藤　信也	4,900	4,500	9,400	
12		坂本　利雄	3,100	5,100	8,200	
13		山本　美結	3,800	3,100	6,900	
14		合計	33,650	37,200	70,850	
15		平均	3,365	3,720	7,085	
16						

C15 = AVERAGE(C4:C13)

●セル【C15】に入力されている数式

= AVERAGE(C4:C13)
          ❶

❶平均を求めるセル範囲【C4:C13】を指定する。

91

AVERAGEIF（アベレージイフ）

AVERAGEIF関数を使うと、指定した範囲内で条件を満たしているセルを検索し、探し出されたセルに対応した範囲のデータの平均を求めることができます。指定できる条件は1つだけです。

●AVERAGEIF関数

＝AVERAGEIF（範囲, 条件, 平均対象範囲）
　　　　　　　　❶　　❷　　　❸

---

❶範囲
検索の対象となるセル範囲を指定します。

❷条件
検索条件を文字列またはセル、数値、数式で指定します。
※文字列で指定する場合は「"（ダブルクォーテーション）」で囲みます。
※条件にはワイルドカードが使えます。

❸平均対象範囲
平均を求めるセル範囲を指定します。
※範囲内の空白セルは計算の対象になりません。
※省略できます。省略すると❶が対象になります。

POINT ワイルドカードを使った検索

曖昧な条件を設定する場合、「ワイルドカード」を使って条件を入力できます。
使用できるワイルドカードは、次のとおりです。

ワイルドカード	意味
？（疑問符）	同じ位置にある任意の1文字
＊（アスタリスク）	同じ位置にある任意の文字数の文字列

※通常の文字として「？」や「＊」を検索する場合は、「˜?」のように「˜（チルダ）」を付けます。

使用例 ──────────── OPEN ≫ 第5章 シート「学部別」「個人成績」

個人成績のデータを参照して、学部別の科目の平均点を求めます。

	A	B	C	D	E	F	G	H	I	J
1	留学選考試験結果								シート「個人成績」	
2										
3	受験番号	学籍番号	学年	氏名	学部名	Reading	Writing	Hearing	Speaking	合計
4	1001	H2311028	1	阿部 大吾	法学部	64	84	76	72	296
5	1002	I2210137	1	安藤 緑	医学部	64	68	88	68	288
6	1003	S2208260	2	遠藤 翔	商学部	72	76	88	84	320
7	1004	Z2208211	2	布施 望緒	経済学部	80	52	76	56	264
8	1005	Z2321049	1	後藤 仰樹	経済学部	60	52	64	40	216
9	1006	J2210021	2	長谷川 大空	情報学部	36	44	48	52	180
10	1007	J2210010	2	服部 峻也	情報学部	76	88	100	100	364
11	1008	S2321110	1	本田 真央	商学部	72	40	100	80	292
12	1009	H2208121	2	本多 達也	法学部	24	32	36	56	148
13	1010	N2208128	2	井上 真似	農学部	56	96	80	76	308
43	1040	H2208218	2	戸田 文夫	法学部	72	100	68	84	324

| B4 | | fx | =AVERAGEIF(個人成績!$E$4:$E$48,学部別!$A4,個人成績!F$4:F$48) |

	A	B	C	D	E	F	G
1	留学選考試験 学部別平均点				シート「学部別」		
2							
3	学部	Reading	Writing	Hearing	Speaking	合計	
4	法学部	64.0	62.1	61.5	70.5	258.1	
5	経済学部	64.7	54.0	65.3	66.7	250.7	
6	商学部	63.2	60.0	68.8	72.0	264.0	
7	文学部	56.8	58.4	54.8	66.8	236.8	
8	情報学部	64.0	67.0	72.0	79.0	282.0	
9	工学部	50.7	49.3	45.3	52.0	197.3	
10	農学部	60.0	61.3	60.0	69.3	250.7	
11	医学部	62.7	64.0	70.7	74.7	272.0	

●シート「学部別」のセル【B4】に入力されている数式

= AVERAGEIF(個人成績!$E$4:$E$48, 学部別!$A4, 個人成績!F$4:F$48)
    ❶   ❷   ❸

❶検索の対象として、シート「**個人成績**」の学部のセル範囲【E4:E48】を指定する。

※別シートを参照する場合は「シート名!セルまたはセル範囲」で指定します。
※数式をコピーするため、絶対参照で指定します。

❷条件となるセル【A4】を指定する。

※数式をコピーするため、列だけを固定する複合参照で指定します。

❸条件を満たす場合に平均する範囲として、シート「**個人成績**」のReadingのセル範囲【F4:F48】を指定する。

※数式をコピーするため、行だけを固定する複合参照で指定します。

93

複数の条件を満たす数値を平均する

AVERAGEIFS（アベレージイフス）

AVERAGEIFS関数を使うと、複数の条件をすべて満たすセルを検索し、探し出されたセルに対応した範囲のデータの平均を求めることができます。AVERAGEIF関数と引数の指定順序が異なります。

●AVERAGEIFS関数

＝AVERAGEIFS(平均対象範囲, 条件範囲1, 条件1, 条件範囲2, 条件2, …)

❶　　　　　❷　　　　❸　　　　❹　　　❺

---

❶平均対象範囲

複数の条件をすべて満たす場合に、平均するセル範囲を指定します。

※範囲内に文字列や空白セルがあることで計算ができない場合は、エラー値「#DIV/0!」を返します。

❷条件範囲1

1つ目の条件によって検索するセル範囲を指定します。

❸条件1

1つ目の条件を文字列またはセル、数値、数式で指定します。

※文字列で指定する場合は「"（ダブルクォーテーション）」で囲みます。

※条件にはワイルドカードが使えます。

❹条件範囲2

2つ目の条件によって検索するセル範囲を指定します。

❺条件2

2つ目の条件を文字列またはセル、数値、数式で指定します。

※条件が3つ以上ある場合は、「,（カンマ）」で区切って指定します。

※「条件範囲」と「条件」の組み合わせは、最大127組まで指定できます。

関数の基礎知識

数学/三角

論理

日付/時刻

統計

検索/行列

情報

財務

文字列操作

データベース

エンジニアリング

索引

使用例

個人成績のデータを参照して、学部・学年別の科目の平均点を求めます。

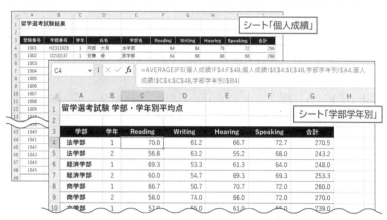

●シート「学部学年別」のセル【C4】に入力されている数式

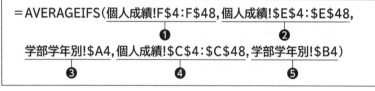

$$= \text{AVERAGEIFS}(\underbrace{\text{個人成績!F\$4:F\$48}}, \underbrace{\text{個人成績!\$E\$4:\$E\$48}},$$
$$\underbrace{\text{学部学年別!\$A4}}, \underbrace{\text{個人成績!\$C\$4:\$C\$48}}, \underbrace{\text{学部学年別!\$B4}})$$

❶ 複数の条件をすべて満たす場合に平均する範囲として、シート「**個人成績**」のReadingのセル範囲【F4:F48】を指定する。

※別シートを参照する場合は「シート名!セルまたはセル範囲」で指定します。
※数式をコピーするため、行だけを固定する複合参照で指定します。

❷ 1つ目の検索の対象として、シート「**個人成績**」の学部のセル範囲【E4:E48】を指定する。

※数式をコピーするため、絶対参照で指定します。

❸ 1つ目の条件となる学部のセル【A4】を指定する。

※数式をコピーするため、列だけを固定する複合参照で指定します。

❹ 2つ目の検索の対象として、シート「**個人成績**」の学年のセル範囲【C4:C48】を指定する。

※数式をコピーするため、絶対参照で指定します。

❺ 2つ目の条件となる学年のセル【B4】を指定する。

※数式をコピーするため、列だけを固定する複合参照で指定します。

範囲内の数値の最大値を求める

関数 MAX（マックス）

MAX関数を使うと、指定した範囲や数値の最大値を求めることができます。
《ホーム》タブ→《編集》グループの （合計）の をクリックして表示される一覧から《最大値》を選択すると、MAX関数が入力され簡単に最大値を求めることができます。

● MAX関数

＝MAX（<u>数値1, 数値2, ・・・</u>）
　　　　　❶

---

❶数値
最大値を求めるセル範囲または数値を指定します。
※引数は最大255個まで指定できます。
※範囲内の文字列や空白セルは計算の対象になりません。

例1）
セル範囲【A1：A10】の最大値を求める場合
＝MAX（A1：A10）

例2）
セル範囲【A1：A10】、セル【A15】、100の最大値を求める場合
＝MAX（A1：A10, A15, 100）

使用例

OPEN 》第5章 シート「5-4」

各月で売上が最も多い店舗の売上金額を求めます。

	C11	∨ : × ✓ fx	=MAX(C4:C9)					
	A	B	C	D	E	F	G	H	I	J

		10月	11月	12月	1月	2月	3月	売上合計
1	**店舗別売上表**							
2								単位：千円
4	日本橋店	860	1,050	900	1,100	1,200	9,800	14,910
5	銀座店	1,000	900	1,150	1,200	1,150	1,080	6,480
6	渋谷店	1,100	1,000	950	1,050	1,120	980	6,200
7	新宿店	950	1,200	1,150	1,250	1,210	1,190	6,950
8	上野店	850	800	860	800	900	920	5,130
9	池袋店	920	950	1,000	980	1,100	1,020	5,970
10	売上合計	5,680	5,900	6,010	6,380	6,680	14,990	45,640
11	売上最高	1,100	1,200	1,150	1,250	1,210	9,800	14,910

● セル【C11】に入力されている数式

$$= MAX(\underset{❶}{C4:C9})$$

❶ 最大値を求めるセル範囲【C4:C9】を指定する。

POINT MIN関数（ミニマム）

指定した範囲や数値の最小値を求めます。

● MIN関数

$$= MIN(\underset{❶}{数値1, 数値2, \cdots})$$

❶ 数値
最小値を求めるセル範囲または数値を指定します。
※引数は最大255個まで指定できます。
※範囲内の文字列や空白セルは計算の対象になりません。

97

MAXIFS（マックスイフス）

MAXIFS関数を使うと、複数の条件をすべて満たすセルを検索し、探し出されたセルに対応した範囲のデータの中から最大値を表示できます。

●MAXIFS関数

=MAXIFS(最大範囲, 条件範囲1, 条件1, 条件範囲2, 条件2, ・・・)
　　　　　❶　　　　❷　　　　❸　　　　❹　　　❺

---

❶最大範囲
最大値を求めるセル範囲を指定します。

❷条件範囲1
1つ目の条件で検索するセル範囲を指定します。

❸条件1
条件範囲1から検索する条件を文字列またはセル、数値、数式で指定します。

❹条件範囲2
2つ目の条件で検索するセル範囲を指定します。

❺条件2
条件範囲2から検索する条件を文字列またはセル、数値、数式で指定します。
※「条件範囲」と「条件」の組み合わせは、最大127組まで指定できます。

例）
セル【H3】にセル範囲【F3：F6】の中から大阪所属の男性の最高点を求める場合

	A	B	No.	氏名	C	所属	D	性別	E	点数	F	G	大阪所属の男性の最高点	H	I

H3　　　✓　：　×　✓　fx　=MAXIFS(F3:F6,D3:D6,"大阪",E3:E6,"男性")

	A	B	C	D	E	F	G	H	I
1									
2		No.	氏名	所属	性別	点数		大阪所属の男性の最高点	
3		1	赤坂　拓郎	東京	男性	89		87	
4		2	市川　浩太	大阪	男性	77			
5		3	大橋　楓	大阪	女性	91			
6		4	北川　翔	大阪	男性	87			
7									

使用例 ──────────────────── OPEN » 第5章 シート「5-5」

個人記録を参照して、学年、性別ごとの最高記録を求めます。

E3		✓ ✗ *fx*	=MAXIFS(E$12:E$126,$A$12:$A$126,$C3,$D$12:$D$126,$D3)				
	A	B	C	D	E	F	G	H
1	校内体力テスト							
2	●学年別最高記録		学年	性別	立ち幅跳び（cm）	ボール投げ（m）		
3			1	男	182.20	19.65		
4			2	男	197.81	22.35		
5			3	男	213.15	24.61		
6			1	女	167.27	12.01		
7			2	女	168.37	13.98		
8			3	女	175.85	14.11		
9								
10	●個人記録							
11	学年	クラス	出席番号	性別	立ち幅跳び（cm）	ボール投げ（m）		
12	1	1	1	男	180.70	19.65		
13	1	1	2	女	162.07	10.38		
14	1	1	3	男	169.50	8.45		
15	1	1	4	女	167.27	11.58		
16	1	1	5	男	179.50	18.45		
124	3	2	17	女	165.25	8.28		
125	3	2	18	女	160.45	10.48		
126	3	2	19	男	204.15	18.21		
127								

●セル【E3】に入力されている数式

$$= MAXIFS(\underset{❶}{E\$12:E\$126}, \underset{❷}{\$A\$12:\$A\$126}, \underset{❸}{\$C3}, \underset{❹}{\$D\$12:\$D\$126}, \underset{❺}{\$D3})$$

❶条件を満たす場合に最大値を求めるセル範囲【E12:E126】を指定する。
※数式をコピーするため、行だけを固定する複合参照で指定します。

❷1つ目の検索の対象として、学年のセル範囲【A12:A126】を指定する。
※数式をコピーするため、絶対参照で指定します。

❸1つ目の条件となる学年のセル【C3】を指定する。
※数式をコピーするため、列だけを固定する複合参照で指定します。

❹2つ目の検索の対象として、性別のセル範囲【D12:D126】を指定する。
※数式をコピーするため、絶対参照で指定します。

❺2つ目の条件となる性別のセル【D3】を指定する。
※数式をコピーするため、列だけを固定する複合参照で指定します。

POINT MINIFS関数 (ミニマムイフス)

MINIFS関数を使うと、複数の条件をすべて満たすセルの中から最小値を表示できます。

●MINIFS関数

$$= MINIFS(\underset{❶}{最小範囲}, \underset{❷}{条件範囲1}, \underset{❸}{条件1}, \underset{❹}{条件範囲2}, \underset{❺}{条件2}, \cdots)$$

❶最小範囲
最小値を求めるセル範囲を指定します。

❷条件範囲1
1つ目の条件で検索するセル範囲を指定します。

❸条件1
条件範囲1から検索する条件を文字列またはセル、数値、数式で指定します。

❹条件範囲2
2つ目の条件で検索するセル範囲を指定します。

❺条件2
条件範囲2から検索する条件を文字列またはセル、数値、数式で指定します。
※「条件範囲」と「条件」の組み合わせは、最大127組まで指定できます。

例)
セル【H3】にセル範囲【F3:F6】の中から大阪所属の男性の最低点を求める場合

H3				f_x	=MINIFS(F3:F6,D3:D6,"大阪",E3:E6,"男性")			
	A	B	C	D	E	F	G	H	I

	A	B	C	D	E	F	G	H	I
1									
2		No.	氏名	所属	性別	点数		大阪所属の男性の最低点	
3		1	赤坂 拓郎	東京	男性	57		88	
4		2	市川 浩太	大阪	男性	88			
5		3	大橋 楓	大阪	女性	68			
6		4	北川 翔	大阪	男性	94			
7									

関数の基礎知識

数学・三角

論理

日付・時刻

統計

検索・行列

情報

財務

文字列操作

データベース

エンジニアリング

索引

6 順位を付ける

関数 RANK.EQ（ランクイコール）

RANK.EQ関数を使うと、特定の数値が範囲内で何番目にあたるかを表示できます。指定の範囲内に、重複した数値がある場合は、同じ順位として最上位の順位を表示します。

● RANK.EQ関数

= RANK.EQ(数値, 参照, 順序)

❶数値
順位を付ける数値またはセルを指定します。

❷参照
順位を調べるセル範囲を指定します。

❸順序
順位の付け方を指定します。降順は「0」、昇順は「1」を指定します。
※省略できます。省略すると「0」を指定したことになります。

使用例

OPEN 》第5章 シート「5-6」

年間売上が多い順に、順位を表示します。

F4		: × ✓ *fx*	=RANK.EQ(E4,$E$4:$E$13,0)			
	A	B	C	D	E	F	G
1	年間売上成績表						
2						単位：千円	
3		氏名	上期売上	下期売上	年間売上	順位	
4	島田 莉央		3,800	4,000	7,800	4	
5	綾辻 秀人		1,550	2,600	4,150	9	
6	藤倉 俊		2,300	4,700	7,000	6	
7	遠藤 真紀		4,200	3,600	7,800	4	
8	京山 秋彦		1,900	1,500	3,400	10	
9	川原 楓子		3,900	2,300	6,200	8	
10	福田 直樹		4,200	5,800	10,000	1	
11	斉藤 信也		4,900	4,500	9,400	2	
12	坂本 利雄		3,100	5,100	8,200	3	
13	山本 美結		3,800	3,100	6,900	7	
14							

●セル【F4】に入力されている数式

$$= RANK.EQ(E4, \$E\$4:\$E\$13, 0)$$
     ❶   ❷   ❸

❶順位を付ける年間売上のセル【E4】を指定する。

❷順位を調べるセル範囲【E4:E13】を指定する。

※数式をコピーするため、絶対参照で指定します。

❸年間売上が多い人から降順で順位を付けるため「0」を入力する。

POINT RANK.AVG関数（ランクアベレージ）

RANK.EQ関数とRANK.AVG関数はどちらも指定した範囲内で何番目にあたるかを表示します。指定の範囲内に重複した数値がある場合は、それぞれ次のように表示されます。

●RANK.EQ関数の場合   ●RANK.AVG関数の場合

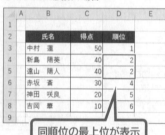
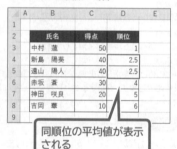

同順位の最上位が表示される   同順位の平均値が表示される

●RANK.AVG関数

$$= RANK.AVG(数値, 参照, 順序)$$
      ❶   ❷   ❸

❶数値

順位を付ける数値またはセルを指定します。

❷参照

順位を調べるセル範囲を指定します。

❸順序

順位の付け方を指定します。降順は「0」、昇順は「1」を指定します。

※省略できます。省略すると「0」を指定したことになります。

関数の
基礎知識

数学/三角

論理

日付/時刻

統計

検索/行列

情報

財務

文字列
操作

データ
ベース

エンジニ
アリング

索引

7 指定した順位にあたる数値を求める

関数 LARGE (ラージ)

LARGE関数を使うと、範囲内の特定の順位にあたる数値を求めることができます。順位は範囲内の数値の大きい順（降順）で付けられます。

●LARGE関数

=LARGE(配列, 順位)
❶ **❷**

---

❶配列
特定の順位にあたる数値を求めるセル範囲を指定します。
※範囲内の文字列や空白セルは計算の対象になりません。

❷順位
順位を数値またはセルで指定します。

使用例

OPEN ≫ 第5章 シート「5-7」

来場者数が多かった上位3日の人数を求めます。

I4		:	× ✓ *fx*	=LARGE($F$4:$F$18,H4)					
◢	A	B	C	D	E	F	G	H	I	J

	A	B	C	D	E	F	G	H	I	J
1		絵画展来場者数						開催期間：6/1～6/15		
2										
3		月日	曜日	大人	子ども	来場者数		★来場者数Best 3		
4		6/1	木	176	339	515		1	829人	
5		6/2	金	194	183	377		2	773人	
6		6/3	土	385	340	725		3	765人	
7		6/4	日	433	396	829				
8		6/5	月	172	243	415				
9		6/6	火	320	338	658				
10		6/7	水	344	212	556				
11		6/8	木	261	207	468				
12		6/9	金	248	153	401				

●セル【I4】に入力されている数式

= LARGE($F$4:$F$18,H4)
　　　　❶　　　　❷

❶特定の順位にあたる数値を求める来場者数のセル範囲【F4:F18】を指定する。

※数式をコピーするため、絶対参照で指定します。

❷一番多い来場者数を求めるため「1」が入力されているセル【H4】を指定する。

※来場者数を求めるセル範囲【I4:I6】には、表示形式「#,##0"人"」が設定されています。

POINT SMALL関数（スモール）

範囲内の特定の順位にあたる数値を求めます。順位は範囲内の数値の小さい順（昇順）で付けられます。

●SMALL関数

= SMALL(配列,順位)
　　　　❶　　❷

---

❶配列
特定の順位にあたる数値を求めるセル範囲を指定します。
※範囲内の文字列や空白セルは計算の対象になりません。

❷順位
順位を数値またはセルで指定します。

関数の
基礎知識

数学／三角

論理

日付・時刻

統計

検索／行列

情報

財務

文字列操作

データベース

エンジニアリング

索引

8 空白以外のセルの個数を求める

COUNTA（カウントエー）

COUNTA関数を使うと、指定した範囲内で数値や文字列などデータの種類に関係なく、データが入力されているすべてのセルの個数を求めることができます。

● COUNTA関数

=COUNTA(値1, 値2, …)
            ❶

---

❶値
データが入力されているセルの個数を求めるセル範囲を指定します。
※引数は最大255個まで指定できます。

使用例   OPEN » 第5章 シート「5-8」

コースごとの開催回数を求めます。

	C18 ∨ : × ✓ fx	=COUNTA(C4:C17)					
	A	B	C	D	E	F	G	H

	日程	モダン初級	モダン上級	クラシック初級	クラシック上級	指導者養成
1	ダンスコース日程表					
2						
3	日程	モダン初級	モダン上級	クラシック初級	クラシック上級	指導者養成
4	7月1日	●		●		
5	7月2日	●				
6	7月3日		●		●	●
7	7月4日	●	●	●	●	●
8	7月5日		●		●	
9	7月6日	●		●		●
10	7月7日		●		●	
11	7月8日	●		●		
12	7月9日	●		●		
13	7月10日	●	●	●	●	●
14	7月11日		●		●	
15	7月12日	●		●		
16	7月13日		●	●	●	●
17	7月14日	●	●		●	
18	開催回数	9	8	8	8	6
19						

●セル【C18】に入力されている数式

=COUNTA(<u>C4:C17</u>)

❶ データが入力されているセルの個数を求める、モダン初級のセル範囲【C4:C17】を指定する。

POINT COUNT関数（カウント）

指定した範囲内で数値データが入力されているセルの個数を求めます。

● COUNT関数

=COUNT(<u>値1, 値2, ···</u>)

❶ 値
数値データが入力されているセルの個数を求めるセル範囲を指定します。
※引数は最大255個まで指定できます。

POINT COUNTBLANK関数（カウントブランク）

指定した範囲内で空白セルの個数を求めます。

● COUNTBLANK関数

=COUNTBLANK(<u>範囲</u>)
❶

❶ 範囲
空白セルの個数を求めるセル範囲を指定します。

関数の基礎知識

数学/三角

論理

日付/時刻

統計

検索/行列

情報

財務

文字列操作

データベース

エンジニアリング

索引

9 条件を満たすセルの個数を求める

関数
COUNTIF（カウントイフ）

COUNTIF関数を使うと、指定した範囲内で条件を満たしているセルの個数を求めることができます。指定できる条件は1つだけです。

● COUNTIF関数

＝COUNTIF（範囲, 検索条件）

❶ ❷

---

❶範囲

検索の対象となるセル範囲を指定します。

❷検索条件

検索条件を文字列またはセル、数値、数式で指定します。

※文字列で指定する場合は「"（ダブルクォーテーション）」で囲みます。

※条件にはワイルドカードが使えます。

個別のアンケート結果から、回答ごとの個数を集計します。

C16	∨ : ✕ ✓ fx	=COUNTIF(C$3:C$12,$B16)							

	A	B	C	D	E	F	G	H	I	J
1		**アンケート個別回答**								
2		No.	質問1	質問2	質問3			アンケート（質問項目）		
3		10010	A	B	A					
4		10020	A	B	A			質問1　Excelを使いますか		
5		10030	C	A	B			A：よく使う		
6		10040	A	A	A			B：たまに使う 　C：ほとんど使わない		
7		10050	B	C	B					
8		10060	A	C	A			質問2　Wordを使いますか		
9		10070	A	B	A			A：よく使う		
10		10080	B	A	B			B：たまに使う 　C：ほとんど使わない		
11		10090	B	C	C					
12		10100	A	A	C			質問3　Accessを使いますか		
13								A：よく使う		
14		**アンケート集計**						B：たまに使う 　C：ほとんど使わない		
15		回答	質問1	質問2	質問3					
16		A	6	4	5					
17		B	3	3	3					
18		C	1	3	2					
19										

●セル【C16】に入力されている数式

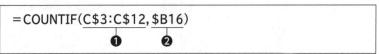

$$= COUNTIF(\underline{C\$3:C\$12}, \underline{\$B16})$$
　　　　　　　　❶　　　　　❷

❶検索の対象となる質問1のセル範囲【C3:C12】を指定する。

※数式をコピーするため、行だけを固定する複合参照で指定します。

❷条件となるセル【B16】を指定する。

※数式をコピーするため、列だけを固定する複合参照で指定します。

関数の
基礎知識

数学/三角

論理

日付/時刻

統計

検索/行列

情報

財務

文字列
操作

データ
ベース

エンジニ
アリング

索引

10 複数の条件を満たすセルの個数を求める

関数 **COUNTIFS（カウントイフス）**

COUNTIFS関数を使うと、複数の条件を満たしているセルを検索し、探し出されたセルに対応した範囲のデータの個数を求めることができます。

● COUNTIFS関数

= COUNTIFS(**検索条件範囲1, 検索条件1, 検索条件範囲2, 検索条件2, …**)

❶ ❷ ❸ ❹

---

❶ 検索条件範囲1
1つ目の検索条件によって検索するセル範囲を指定します。

❷ 検索条件1
1つ目の検索条件を文字列またはセル、数値、数式で指定します。
※文字列で指定する場合は「"（ダブルクォーテーション）」で囲みます。
※条件にはワイルドカードが使えます。

❸ 検索条件範囲2
2つ目の検索条件によって検索するセル範囲を指定します。

❹ 検索条件2
2つ目の検索条件を文字列またはセル、数値、数式で指定します。
※検索条件が3つ以上ある場合、「,（カンマ）」で区切って指定します。
※「検索条件範囲」と「条件範囲」の組み合わせは、最大127組まで指定できます。

「会員種別」がプラチナで、かつ横浜市在住の会員数を求めます。

	D3	✓ : × ✓ ƒx	=COUNTIFS(D6:D28,B3,F6:F28,C3)

▲	A	B	C	D	E	F	G
1							
2		会員種別	住所	会員数			
3		プラチナ	横浜市*	3			
4							
5		会員No.	氏名	会員種別	郵便番号	住所1	住所2
6		1001	室崎 幸樹	ゴールド	249-0005	逗子市桜山XXX	
7		1002	国木田 敦	一般	236-0007	横浜市金沢区白帆XXX	
8		1003	村田 千紗都	一般	227-0046	横浜市青葉区たちばな台XXX	
9		1004	桜内 梢	プラチナ	230-0033	横浜市鶴見区朝日町XXX	朝日グランドスクエア1103
10		1005	横山 花梨	一般	241-0817	横浜市旭区今宿XXX	
11		1006	和田 光輝	プラチナ	248-0013	鎌倉市材木座XXX	
12		1007	野中 敏也	一般	244-0814	横浜市戸塚区南舞岡XXX	
13		1008	山城 まり	ゴールド	233-0001	横浜市港南区上大岡東XXX	イーストパーク上大岡805
14		1009	坂本 誠	一般	244-0803	横浜市戸塚区平戸町XXX	
15		1010	布施 友香	一般	243-0033	厚木市温水XXX	
16		1011	井戸 剛	プラチナ	221-0865	横浜市神奈川区片倉XXX	
17		1012	星 龍太郎	ゴールド	235-0022	横浜市磯子区汐見台XXX	
18		1013	宍戸 真智子	一般	235-0033	横浜市磯子区杉田XXX	フローレンスタワー2801
19		1014	天野 真未	一般	236-0057	横浜市金沢区能見台XXX	
20		1015	大木 花実	一般	235-0035	横浜市磯子区田中XXX	ダイヤモンドマンション405
21		1016	牧田 博	一般	214-0005	川崎市多摩区寺尾台XXX	
22		1017	香川 泰男	一般	247-0075	鎌倉市関谷XXX	
23		1018	村瀬 稔彦	ゴールド	226-0005	横浜市緑区竹山XXX	明日館331
24		1019	草野 萌子	一般	224-0055	横浜市都筑区加賀原XXX	
25		1020	小川 正一	一般	222-0035	横浜市港北区鳥山町XXX	
26		1021	近藤 真央	一般	231-0045	横浜市中区伊勢佐木町XXX	
27		1022	坂井 早苗	プラチナ	236-0044	横浜市金沢区高舟台XXX	
28		1023	鈴木 保一	一般	240-0017	横浜市保土ヶ谷区花見台XXX	花見台一番館722
29							

●セル【D3】に入力されている数式

$$=COUNTIFS(\underset{❶}{D6:D28},\underset{❷}{B3},\underset{❸}{F6:F28},\underset{❹}{C3})$$

❶1つ目の検索の対象となる会場種別のセル範囲【D6：D28】を指定する。

❷1つ目の条件となる**「プラチナ」**のセル【B3】を指定する。

❸2つ目の検索の対象となる住所1のセル範囲【F6：F28】を指定する。

❹2つ目の条件となる**「横浜市*」**のセル【C3】を指定する。

※「*（アスタリスク）」などのワイルドカードを使った検索については、P.92を参照してください。

関数の
基礎知識

数学/三角

論理

日付/時刻

統計

検索/行列

情報

財務

文字列
操作

データ
ベース

エンジニ
アリング

索引

11 頻繁に現れる数値の出現回数を求める

関数	MODE.SNGL（モードシングル） COUNTIF（カウントイフ）

指定した範囲内で最も多く出現する値（最頻値）を求めるには、MODE.SNGL関数を使います。最頻値は、収集したデータがどこに集中しているのかを把握するのに役立ちます。最頻値が出現した回数を求めるには、COUNTIF関数を使います。

● MODE.SNGL関数

$$=MODE.SNGL（\underbrace{数値1, 数値2, \cdots}_{❶}）$$

---

❶ 数値

数値またはセルやセル範囲を指定します。
※引数は最大254個まで指定できます。
※範囲内の文字列や空白は計算の対象になりません。
※最頻値が2個以上あるときは、データが先に並んでいる方の値が求められます。
※最頻値がない（重複するデータがない）場合は、「#N/A」が表示されます。

例）
引数に指定したデータの中で最頻値を求める場合
=MODE.SNGL(1, 3, 3, 5, 7, 5, 8, 9, 5, 3) → 3
※「3」と「5」は、両方とも3回ずつ出現していますが、データが先に並んでいる「3」が最頻値として求められます。

● COUNTIF関数

指定した範囲内で条件を満たしているセルの個数を求めます。

$$=COUNTIF（\underset{❶}{範囲}, \underset{❷}{検索条件}）$$

---

❶ 範囲

検索の対象となるセル範囲を指定します。

❷ 検索条件

検索条件を文字列またはセル、数値、数式で指定します。
※文字列で指定する場合は「"（ダブルクォーテーション）」で囲みます。
※条件にはワイルドカードが使えます。

株価データを参照して、月ごとの最頻値と出現回数を求めます。

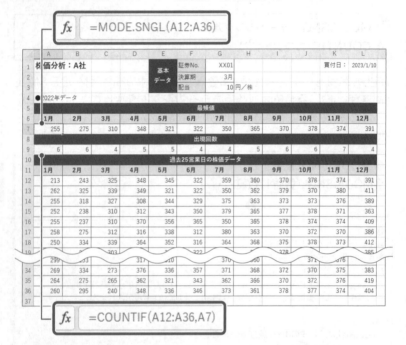

● セル【A7】に入力されている数式

$$= MODE.SNGL(\underset{❶}{A12:A36})$$

❶1月の株価の最頻値を求めるためセル範囲【A12：A36】を指定する。

● セル【A9】に入力されている数式

$$= COUNTIF(\underset{❶}{A12:A36}, \underset{❷}{A7})$$

❶検索の対象となる1月の株価が入力されているセル範囲【A12：A36】を指定する。

❷条件となるセル【A7】を指定する。

POINT　COUNTIF関数とMODE.SNGL関数の組み合わせ

=COUNTIF（範囲, MODE.SNGL（範囲））

検索条件

指定した範囲内で最頻値と一致するデータの個数（最頻値の出現回数）を求めます。
※COUNTIF関数とMODE.SNGL関数の引数の範囲には、同じセル範囲を指定します。

POINT　平均値と最頻値

平均値と最頻値の値を比較すると収集したデータの分布を把握することができます。

例）
1か月の平均株価265円、最頻値255円の場合
平均株価は、データ内の一部に高値があると、高値側に偏りますが、実際には255円の日が多かったことを表します。このように、平均値が最頻値を上回る場合は、データの一部に平均値を引き上げるほどの高い値が存在することを表しています。

POINT　最頻値と出現回数

最頻値は、収集したデータの中で一番多く出現する値を把握するのに役立ちます。一方、最頻値の出現回数は、収集したデータが最頻値にどの程度集中しているのかという、データの集中の度合いを把握することができます。出現回数が多いほど、最頻値に集中しているといえます。

12 頻度分布を求める

FREQUENCY（フリークエンシー）

FREQUENCY関数を使うと、指定した間隔の中でデータの頻度分布を求めることができます。

●FREQUENCY関数 `スピル対応`

＝FREQUENCY（データ配列, 区間配列）
　　　　　　　　　　❶　　　　❷

---

❶データ配列
頻度分布を求めるデータのセル範囲を指定します。
※範囲内の文字列や空白セルは計算の対象になりません。

❷区間配列
❶で指定した範囲を分類する間隔（区間）のセル範囲を指定します。
※求められるデータの個数は、区間配列で指定したデータの個数よりも1つ多くなります。

例）
セル範囲【C3:C6】に入力された「点数」をもとに、セル範囲【E3:E5】で指定した間隔の頻度分布をセル範囲【G3:G6】に求める場合

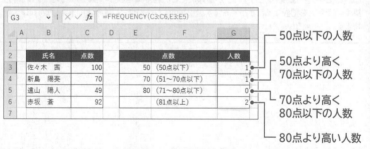

	点数		人数	
	50（50点以下）		1	─ 50点以下の人数
	70（51〜70点以下）		1	─ 50点より高く 70点以下の人数
	80（71〜80点以下）		0	─ 70点より高く 80点以下の人数
	（81点以上）		2	─ 80点より高い人数

G3 ✓ ： × ✓ fx ＝FREQUENCY(C3:C6,E3:E5)

	A	B	C	D	E	F	G
1							
2		氏名	点数			点数	人数
3		佐々木　茜	100		50	（50点以下）	1
4		新島　陽葵	70		70	（51〜70点以下）	1
5		遠山　陽人	49		80	（71〜80点以下）	0
6		赤坂　蒼	92			（81点以上）	2
7							

使用例 ──────────────── OPEN » 第5章 シート「5-12」

申込者の一覧を参照して、年代ごとの人数を求めます。

	I4		✓ : × ✓ fx	=FREQUENCY(D4:D18,G4:G8)

	A B	C	D	E	F	G	H	I	J
1	モニター申込者年代別分布表								
2									
3	No.	氏名	年齢	職業		年代		人数	
4	1	遠藤　直子	38	会社員		20	(20歳以下)	1	
5	2	大川　雅人	24	公務員		30	(21〜30歳)	5	
6	3	梶本　修一	48	会社員		40	(31〜40歳)	4	
7	4	桂木　真紀子	22	学生		50	(41〜50歳)	2	
8	5	木村　進	59	会社員		60	(51〜60歳)	2	
9	6	小泉　優子	62	その他			(61歳以上)	1	
10	7	佐山　薫	29	会社員					
11	8	島田　翔	32	会社員					
12	9	辻井　秀子	25	公務員					
13	10	浜崎　秋緒	51	会社員					
14	11	平野　篤志	27	自営業					
15	12	本多　紀江	20	学生					
16	13	松山　智明	34	公務員					
17	14	森本　武史	36	会社員					
18	15	山野　恵津子	45	自営業					
19									

●セル【I4】に入力されている数式

=FREQUENCY(D4:D18, G4:G8)
　　　　　　❶　　　❷

❶頻度分布を求める年齢のセル範囲【D4:D18】を指定する。
❷年齢を10歳ごとに区分したセル範囲【G4:G8】を指定する。
※スピルで結果が表示されます。

13 極端な数値を除いた平均を求める

収集したデータの中には、特別な条件や何らかのミスが原因で、ほかのデータから極端にかけ離れた値（外れ値）が含まれることがあります。例えば、機械で測定した結果の平均を求める際に、不具合によって極端に大きい数値が混じった場合は平均値が大きくなり、極端に小さい数値が混じった場合は平均値が小さくなります。このように、外れ値を含めた平均値は外れ値側に偏ります。
TRIMMEAN関数を使うと、数値データ全体から上限と下限の外れ値を除いた平均値を求めることができます。

●TRIMMEAN関数

$$= TRIMMEAN（配列，割合）$$
❶　❷

❶配列
数値が入力されているセル範囲を指定します。

❷割合
計算対象から除外する割合を0以上1未満の数値またはセルで指定します。計算対象から除外されるデータ数は、❶のデータ数に❷を掛けた値で、小数点以下は切り捨てられます。

例）
測定結果の上限と下限のデータを10%ずつ除いた平均を求める場合
※上下10%ずつ除外する場合は、割合に「0.2」（20%）を指定します。

C7	⌄ :	× ✓ fx	=TRIMMEAN(A2:C5,0.2)		
	A	B	C	D	E
1		測定結果			
2	0	100	102		
3	110	103	105		
4	1005	106	104		
5	106	108	98		
6					
7	上下10%の値を除いた平均値		104.2		
8					

※データ数「12」個の割合「0.2」は「2.4」個になるため、上下1個ずつのデータが除外されます。

関数の基礎知識

数学・三角

論理

日付・時刻

統計

検索・行列

情報

財務

文字列操作

データベース

エンジニアリング

索引

使用例

OPEN 》第5章 シート「5-13」

上下10%の値を除外して、月ごとの株価平均を求めます。

A8			✓ ⅰ × ✓ fx	=TRIMMEAN(A13:A37,$A$6)								
	A	B	C	D	E	F	G	H	I	J	K	L
1	株価分析：A社				基本 データ	証券No.	XX01				買付日：	2023/1/10
2						決算期	3月					
3						配当	10	円／株				
4	●2022年データ											
5	上下10%を除外した株価平均											
6	0.2											
7	1月	2月	3月	4月	5月	6月	7月	8月	9月	10月	11月	12月
8	263.5	290.6	299.0	340.1	334.8	333.1	364.9	365.0	375.5	374.0	374.9	391.1
9	前月差累計（当月-前月+前月累計）											
10		27.1	35.5	76.6	71.3	69.6	101.4	102.0	112.0	110.5	111.3	127.6
11	過去25営業日の株価データ											
12	1月	2月	3月	4月	5月	6月	7月	8月	9月	10月	11月	12月
13	213	243	325	348	345	322	359	360	370	378	374	391
14	262	325	339	349	321	322	350	362	379	370	380	411
15	255	318	327	308	344	329	375	363	373	373	376	389
36	264	275	265	362	321	343	362	366	370	372	376	419
37	260	295	240	348	336	346	373	361	378	377	374	404
38												

● セル【A8】に入力されている数式

= TRIMMEAN(A13:A37, $A$6)
　　　　　　❶　　　　❷

❶ 平均を求めるセル範囲【A13:A37】を指定する。

❷ 平均を求める対象から除外する割合のセル【A6】を指定する。

※数式をコピーするため、絶対参照で指定します。

POINT TRIMMEAN関数の割合

割合を「0」にすると、すべてのデータが計算対象となり、平均を求めるAVERAGE関数と同じ計算結果になります。

また、除外される外れ値のデータ数は、「配列で指定したデータ数×除外する割合」の計算結果が偶数か奇数かによって異なります。

データ数×除外割合	除外されるデータ数
偶数	計算結果を半分にして、データの上限と下限からそれぞれ除外
奇数	計算結果を半分にして、小数点以下を切り捨てたあと、データの上限と下限からそれぞれ除外

14 範囲内の数値の中央値を求める

MEDIAN（メジアン）

MEDIAN関数を使うと、指定した範囲のデータを順番に並べたときの中央の位置にある値（中央値）を求めることができます。中央値は、収集したデータの分布の中心を表します。例えば、100点満点の試験の中央値が80点とすると、全体の半数が80点以上を得点したことがわかります。

● MEDIAN関数

＝MEDIAN（数値1, 数値2, …）
　　　　　　❶

---

❶数値
数値またはセルやセル範囲を指定します。
※引数は最大255個まで指定できます。
※指定したデータの数が偶数個の場合は、中央の2つの値の平均が中央値となります。

例1）
奇数個のデータの中央値を求める場合
=MEDIAN（1, 2, 40, 5, 8, 6, 4）→ 5
※引数のデータを順番に並べたときの4番目の数値（「5」）が中央値です。

例2）
偶数個のデータの中央値を求める場合
=MEDIAN（1, 2, 40, 5, 8, 6, 4, 10）→ 5.5
※引数のデータを順番に並べたときの4番目（「5」）と5番目（「6」）の平均（（5+6）/2=5.5）
　が中央値です。

使用例

株価データを参照して、月ごとの中央値を求めます。

A7		▾	:	× ✓	fx	=MEDIAN(A10:A34)					
	A	B	C	D	E	F	G	H	I	J	K	L
1	株価分析：A社				基本データ	証券No.	XX01				買付日：	2023/1/10
2						決算期	3月					
3						配当	10	円／株				
4	●2022年データ											
5						中央値						
6	1月	2月	3月	4月	5月	6月	7月	8月	9月	10月	11月	12月
7	258	293	303	345	336	329	364	365	377	373	374	391
8						過去25営業日の株価データ						
9	1月	2月	3月	4月	5月	6月	7月	8月	9月	10月	11月	12月
10	213	243	325	348	345	322	359	360	370	378	374	391
11	262	325	339	349	321	322	350	362	379	370	380	411
12	255	318	327	308	344	329	375	363	373	373	376	389
13	252	238	310	312	343	350	379	365	377	378	371	363
14	255	237	310	370	356	365	350	365	378	374	374	409
15	258	275	312	316	338	312	380	363	370	372	370	386
28	255	275	264	313	326	310	364	368	379	378	374	366
29	263	333	278	338	344	350	351	367	374	374	374	383
30	295	310	260	307	310	336	350	363	378	372	370	414
31	299	253	284	317	310	365	370	360	377	371	376	374
32	269	334	273	376	336	357	371	368	372	370	375	383
33	264	275	265	362	321	343	362	366	370	372	376	419
34	260	295	240	348	336	346	373	361	378	377	374	404
35												

●セル【A7】に入力されている数式

$$=MEDIAN(\underset{❶}{A10:A34})$$

❶中央値を求めるセル範囲【A10:A34】を指定する。

POINT　平均値と中央値

平均値と中央値を比較すると収集したデータの分布を把握することができます。

例)
1か月の平均株価が265円、中央値が258円の場合
258円を境に、この金額より低い日と高い日が半分ずつあります。一方、中央値より平均株価が高いことから、データの一部に高値が存在すると推察できます。
このように、平均値は、データの一部に高い値があると、その高い値の影響を受けて値が偏りますが、中央値は、データ数のちょうど半分の場所に位置するデータのため、値の大きさによる影響は受けません。

15 偏差値を求める

関数 STDEV.P（スタンダード・ディビエーション・ピー）
AVERAGE（アベレージ）

STDEV.P関数を使うと、データのばらつき具合を求めることができます。データのばらつき具合を数値化したものを「**標準偏差**」といいます。試験成績の指標に利用される「**偏差値**」は平均値と標準偏差をもとに計算します。

● STDEV.P関数
引数を母集団全体として標準偏差を返します。

$$=STDEV.P(\underset{❶}{数値1, 数値2, \cdots})$$

---

❶数値
母集団が入力されているセル範囲を指定します。
※引数は最大254個まで指定できます。

※AVERAGE関数については、P.90を参照してください。

使用例 ────────── OPEN » 第5章 シート「5-15」「得点データ」

教科ごとの学年平均、標準偏差、偏差値を求めます。

	A	B	C	D
1	得点データ			
2	国語	数学	英語	
3	70	90	80	
4	70	48	94	
5	33	64	シート「得点データ」	
6	69	84		
7			92	

	A	B	C	D
1	学年テスト　個人成績表			
2				
3	**クラス**	3-1		
4	**氏名**	成岡　葵		
5				
6	教科	国語	数学	英語
7	得点	70.0	90.0	70.0
8	学年平均	●62.5	60.4	54.9
9	標準偏差	●18.3	26.7	28.1
10	偏差値	54.1●	61.1	55.4
11				

f_x =AVERAGE(得点データ!A3:A152)

f_x =STDEV.P(得点データ!A3:A152)

f_x =50+10*(B7-B8)/B9

関数の
基礎知識

数学・三角

論理

日付・時刻

統計

検索・行列

情報

財務

文字列
操作

データ
ベース

エンジニ
アリング

索引

● セル【B8】に入力されている数式

$$=AVERAGE(得点データ!A3:A152)$$
❶

❶ 平均値を求めるため、シート「**得点データ**」のセル範囲【A3:A152】を指定する。
※別シートを参照する場合は「シート名!セルまたはセル範囲」で指定します。

● セル【B9】に入力されている数式

$$=STDEV.P(得点データ!A3:A152)$$
❶

❶ 標準偏差を求めるため、シート「**得点データ**」のセル範囲【A3:A152】を指定する。
※別シートを参照する場合は「シート名!セルまたはセル範囲」で指定します。

● セル【B10】に入力されている数式

$$=50+10*(B7-B8)/B9$$
❶

❶ 得点のセル【B7】、平均値のセル【B8】、標準偏差のセル【B9】を使って偏差値を求める。
※セル【B8】とセル【B9】の数式の内容をセル【B10】に入力して組み合わせると、「=50+10*(B7-AVERAGE(得点データ!A3:A152))/STDEV.P(得点データ!A3:A152)」となり、セル【B8】、セル【B9】を使わずに求めることもできます。

POINT 偏差値

偏差値は、STDEV.P関数で求める標準偏差とAVERAGE関数で求めるデータの平均値を使って、「50+10×(データ-平均値)/標準偏差」で計算します。
※「(データ-平均値)/標準偏差」はデータの標準化の数式です。データの標準化とは、平均値を「0」、標準偏差を「1」としたときの換算値です。偏差値は、平均が「50」、標準偏差が「10」になるように定めるため、平均に「50」を加えて、標準偏差を「10」倍して調整します。

STDEV.S関数（スタンダード・ディビエーション・エス）

引数を標本として、母集団の標準偏差の推定値を返します。

> **●STDEV.S関数**
>
> ＝STDEV.S(<u>数値1, 数値2, ・・・</u>)
>
> ❶

---

❶数値
母集団が入力されているセル範囲を指定します。
※引数は最大254個まで指定できます。

STDEV.P関数とSTDEV.S関数の違い

どちらも標準偏差を求める関数ですが、計算対象にするデータが異なります。

●STDEV.P関数
計算対象は分析用に収集した全データです。
※ただし、収集したデータの一部を利用する場合でも、条件を付けて抽出したデータなど、ひとまとまりのデータとして考えられる場合は、「全データ」とみなしてこの関数を利用することができます。なお、この1つのまとまりと考えられるデータのことを「母集団」といいます。

例)
学校内全体の身長データの中の1年生の身長データの分析
「1年生の身長データ」は、全データ（学校内全体の身長データ）の一部ですが、1年生を分析の対象にしている場合は、「1年生の身長データ」を母集団と考えることができます。

●STDEV.S関数
計算対象は全データから抽出した標本データです。標本データとは、分析用に収集した全データから無作為に抽出した一部のデータのことです。例えば、国勢調査などデータが膨大で分析に時間や費用がかかりすぎる場合や全数調査が不可能な場合に利用します。

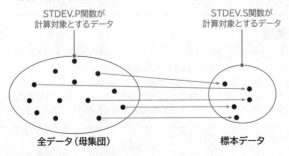

第6章

検索/行列関数

関数 ROW（ロウ）

ROW関数を使うと、指定したセルの行番号を求めることができます。例えば、ROW関数を使って番号を入力すると、連番が振られている表からデータを1行削除したり、挿入したりしても常に連番を表示することができます。

●ROW関数

= ROW(参照)
    ❶

---

❶参照

行番号を求めるセルまたはセル範囲を指定します。
※省略できます。省略するとROW関数が入力されているセルの行番号が求められます。
※セル範囲を指定した場合は、指定した範囲の先頭行の行番号が求められます。

使用例 ━━━━━━━━━━━━━━━━━━━━ OPEN » 第6章 シート「6-1」

「No.」の列に、連番を表示します。

B4		✕ ✓ fx	=ROW()-3				
A	B	C	D	E	F	G	H

健康管理セミナー 出席者名簿

No.	名前	部署名	内線
1	梅田　由紀	第2営業部	831
2	佐々木　歩	経理部	101
3	戸祭　律子	総務部	230
4	中山　香里	第1営業部	500
5	久米　信行	第1営業部	517
6	大川　麻子	開発部	930
7	亀山　聡	人事部	290
8	只木　卓也	総務部	224
9	新井　美紀	第1営業部	569
10	前山　孝信	第1営業部	564
11	緑川　博史	第2営業部	812

●セル【B4】に入力されている数式

$$= ROW(\ ) - 3$$

❶ 引数を省略してセル【B4】の行番号を求める。

❷ セル【B4】を「1」にするため、「−3」を入力する。

関数の
基礎知識

数学・三角

論理

日付・時刻

統計

検索・行列

情報

財務

文字列操作

データベース

エンジニアリング

索引

> **POINT** COLUMN関数（コラム）
>
> 指定したセルの列番号を求めます。
>
> ### ●COLUMN関数
>
> $$= COLUMN(参照)$$
>
> ❶
>
> ---
>
> **❶参照**
> 列番号を求めるセルまたはセル範囲を指定します。
> ※省略できます。省略するとCOLUMN関数が入力されているセルの列番号が求められます。
> ※セル範囲を指定した場合は、指定した範囲の先頭列の列番号が求められます。

> **POINT** SEQUENCE関数（シーケンス）
>
> 開始値や増分値を指定して、連続した数値を生成します。この関数は「数学/三角関数」に分類されています。
>
> ### ●SEQUENCE関数　スピル対応
>
>
>
> $$= SEQUENCE(行, 列, 開始, 目盛り)$$
>
> ❶　❷　❸　❹
>
> ---
>
> **❶行**
> 生成する行数を指定します。
> **❷列**
> 生成する列数を指定します。
> **❸開始**
> 開始値を指定します。
> **❹目盛り**
> 増分値を指定します。

多くの項目が並ぶ表では、1行おきに色を付けると見やすくなります。
MOD関数とROW関数を「**条件付き書式**」と組み合わせて使うと、偶数行または
奇数行だけに書式を設定できます。

● **MOD関数**

割り算の余りを求めます。この関数は「数学/三角関数」に分類されています。

＝MOD（**数値, 除数**）

❶ **数値**
割り算の分子（割られる数）を指定します。

❷ **除数**
割り算の分母（割る数）を指定します。

例)
13を5で割った余りを求める場合
=MOD（13, 5）→ 3

● **ROW関数**

指定したセルの行番号を求めます。

＝ROW（**参照**）

❶ **参照**
行番号を求めるセルまたはセル範囲を指定します。
※省略できます。省略するとROW関数が入力されているセルの行番号が求められます。
※セル範囲を指定した場合は、指定した範囲の先頭行の行番号が求められます。

表の偶数行のセルに色を付けます。

	A	B	C	D	E	F	G	H	I	J
1		**アルバイト勤務時間表（4月～7月）**								
2									単位：時間	
3		No.	名前	店舗名	4月	5月	6月	7月	合計	
4		1	高本　正志	新宿店	15	10	14	12	51	
5		2	上野　秀	新宿店	13	14.5	12	10	49.5	
6		3	台場　沙希	渋谷店	5	7	8	4	24	
7		4	加納　陽菜	品川店	5	18	12	10	45	
8		5	鈴木　有香	品川店	11.5	10	12.5	11	45	
9		6	和田　俊夫	品川店	5	6	6	5	22	
10		7	辻本　卓也	横浜店	11	12	10	11	44	
11		8	矢野　かおり	横浜店	10	11.5	10.5	11	43	
12		9	沼沢　知美	市川店	7	8	8	8	31	
13		10	本城　聡	市川店	5.5	5	4.5	6	21	
14		11	秋野　加絵	新宿店	20	18.5	18	19	75.5	
15		12	松宮　征夫	川崎店	6	10	8.5	6.5	31	
16										

●条件を満たすセルに色を付ける

◆セル範囲【B4:I15】を選択→《ホーム》タブ→《スタイル》グループの（条件付き書式）→《新しいルール》→《ルールの種類を選択してください》の一覧から《数式を使用して、書式設定するセルを決定》を選択→《次の数式を満たす場合に値を書式設定》に数式を入力→《書式》→《塗りつぶし》タブ→背景色の一覧から任意の色を選択→《OK》→《OK》

関数の基礎知識

数学・三角

論理

日付・時刻

統計

検索・行列

情報

財務

文字列操作

データベース

エンジニアリング

索引

● 条件付き書式の条件に設定されている数式

$$= \text{MOD}(\underset{❶}{\underline{\text{ROW}(\ )}}, \underset{❷}{\underline{2}}) \underset{❸}{=0}$$

❶ 割り算の分子として行番号を求めるため、ROW関数を入力する。

❷ 割り算の分母として「2」を入力する。

❸「行番号を2で割った余りが0（偶数）」かどうかを判断するため「=0」を入力する。

※条件付き書式に「偶数行である場合」という条件を入力し、その条件と一致する場合は色を付けます。

POINT QUOTIENT関数（クオウシェント）

QUOTIENT関数を使うと、割り算の商の余りを切り捨て、整数部分を求めることができます。この関数は「数学/三角関数」に分類されています。

● QUOTIENT関数

$$= \text{QUOTIENT}(\underset{❶}{\underline{\text{分子}}}, \underset{❷}{\underline{\text{分母}}})$$

❶分子
割られる数値やセルを指定します。

❷分母
割る数値やセルを指定します。

例）
13を5で割った商の整数部を求める場合
=QUOTIENT(13,5) → 2

3 参照表から目的のデータを取り出す(1)

関数 VLOOKUP (ブイルックアップ)

VLOOKUP関数を使うと、キーとなるコードや番号に該当するデータを参照表から検索し、対応する値を表示できます。参照表は左端の列にキーとなるコードや番号を縦方向に入力しておく必要があります。

●VLOOKUP関数

=VLOOKUP(検索値, 範囲, 列番号, 検索方法)
        ❶   ❷   ❸   ❹

---

❶検索値
キーとなるコードや番号が入力されているセルを指定します。

❷範囲
参照表があるセル範囲を指定します。

❸列番号
参照表の左端から何番目の列を参照するかを指定します。

❹検索方法
「FALSE」または「TRUE」を指定します。

FALSE	完全に一致するものだけを検索する
TRUE	検索値の近似値を含めて検索する

※省略できます。省略すると「TRUE」を指定したことになります。
※「TRUE」を指定する場合は、参照表の左端の列にある値を昇順に並べておく必要があります。

例)
セル【D3】に入力された「所属コード」をもとに、所属マスターの1列目を検索して値が一致するとき、所属マスターから2列目の部を表示する場合

	A	B	C	D	E	F	G	H	I
E3			✕ ✓ fx	=VLOOKUP(D3,$G$3:$I$5,2,FALSE)					

	A	B	C	D	E	F	G	H	I
1							●所属マスター		
2		No.	氏名	所属コード	部		所属コード	部	課
3		1	堀井　亮太	1001	総務		1001	総務	人事
4							1002	経理	経理
5							1003	営業	営業1課
6							1004	営業	営業2課

商品の一覧を参照して、「**型番**」に対応する「**商品名**」を表示します。

| D4 | ⌄ | : | × ✓ *fx* | =VLOOKUP(C4,$I$4:$K$12,2,FALSE) | | | | |

	A	B	C	D	E	F	G	H
1		**商品売上台帳**						
2							単位：円	
3		日付	型番	商品名	価格	数量	金額	
4		7/1	A1200	カラフルブロックパズル	7,800	7	54,600	
5		7/2	A1350	おしゃべりロボットペット	20,000	12	240,000	
6		7/3	F1250	ミニ輪投げ	3,225	14	45,150	
7		7/4	F1270	くねくねコースター	6,300	9	56,700	
8		7/5	K1220	変形トレインメカ	6,400	8	51,200	
9		7/6	C1005	たのしいキッズパソコン	15,000	3	45,000	
10		7/7	A1200	カラフルブロックパズル				
11		7/8	A1350	おしゃべりロボット				
12		7/9	F1250	ミニ輪投げ				
13		7/10	C1005	たのしいキッズパソコン				
14		7/11	C1007	オフロードカーラジコン				
15		7/12	K1220	変形トレインメカ				
16		7/13	J2300	キッズ英語Blu-rayセット				

型番	商品名	価格
C1005	たのしいキッズパソコン	15,000
C1007	オフロードカーラジコン	5,000
K1005	子供用天体望遠鏡	25,000
K1220	変形トレインメカ	6,400
J2300	キッズ英語Blu-rayセット	30,000
A1200	カラフルブロックパズル	7,800
A1350	おしゃべりロボットペット	20,000
F1250	ミニ輪投げ	3,225
F1270	くねくねコースター	6,300

● **セル【D4】に入力されている数式**

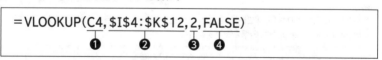

$$= VLOOKUP(\underset{❶}{C4}, \underset{❷}{\$I\$4:\$K\$12}, \underset{❸}{2}, \underset{❹}{FALSE})$$

❶ キーとなる型番のセル【C4】を指定する。

❷ 参照表があるセル範囲【I4:K12】を指定する。

※数式をコピーするため、絶対参照で指定します。

❸ 参照する商品名の列番号は「2」列目のため「2」を入力する。

❹ 完全に一致するものだけを検索するため「**FALSE**」を指定する。

関数の
基礎知識

数学/三角

論理

日付/時刻

統計

検索/行列

情報

財務

文字列
操作

データ
ベース

エンジニ
アリング

索引

4 参照表から目的のデータを取り出す(2)

関数 HLOOKUP（エイチルックアップ）

HLOOKUP関数を使うと、キーとなるコードや番号に該当するデータを参照表から検索し、対応する値を表示できます。参照表は上端の列にキーとなるコードや番号を横方向に入力しておく必要があります。

●HLOOKUP関数

=HLOOKUP(**検索値, 範囲, 行番号, 検索方法**)
      ❶   ❷   ❸   ❹

---

❶検索値
キーとなるコードや番号が入力されているセルを指定します。

❷範囲
参照表があるセル範囲を指定します。

❸行番号
参照表の上端から何番目の行を参照するかを指定します。

❹検索方法
「FALSE」または「TRUE」を指定します。

FALSE	完全に一致するものだけを検索する
TRUE	検索値の近似値を含めて検索する

※省略できます。省略すると「TRUE」を指定したことになります。
※「TRUE」を指定する場合は、参照表の上端の行にある値を昇順に並べておく必要があります。

例)
セル【B3】に入力された「地域区分」をもとに、出張費マスターの1行目を検索して値が一致するとき、出張費マスターの3行目の日当を表示する場合

D3		✕ ✓ fx	=HLOOKUP(B3,$I$2:$K$4,3,FALSE)							
▲	A	B	C	D	E	F	G	H	I	J	K
1								●出張費マスター			
2		地域区分	出張区分	日当	日数	合計		地域区分	A	B	C
3		B	遠地	¥5,000	3	¥15,000		出張区分	近地	遠地	海外
4								日当	¥500	¥5,000	¥10,000
5											
6											

製品一覧を参照して、「**型番**」に対応する「**商品名**」を表示します。

	A	B	C	D	E	F	G	H	I
1		デスク製品一覧							
2									
3		型番	SD-DA1	SD-DA2	CD-U3W	CD-U3B	AD-P	SLD-WN	
4		商品名	書斎デスクTypeA1	書斎デスクTypeA2	コンパクトデスクW	コンパクトデスクB	ラック一体型デスク	天然木スリムデスク	
5		色	ブラック						

シート「製品一覧」

C4		:	× ✓	fx	=HLOOKUP(B4,製品一覧!$C$3:$H$10,2,FALSE)	
	A	B	C	D	E	F	G
1		7月度売上実績					
2						単位:円	
3		型番	商品名	価格	数量	金額	
4		SD-DA1	書斎デスクTypeA1	8,780	13	114,140	
5		SD-DA2	書斎デスクTypeA2	9,750	9	87,750	
6		CD-U3W	コンパクトデスクW	5,980	20	119,600	
7		CD-U3B	コンパクトデスクB	5,980	18	107,640	
8		AD-P	ラック一体型デスク	10,980	6	65,880	
9		SLD-WN	天然木スリムデスク	18,800	5	94,000	
10					合計	589,010	
11							

●セル【C4】に入力されている数式

=HLOOKUP(B4,製品一覧!$C$3:$H$10,2,FALSE)
   ❶   ❷   ❸   ❹

❶ キーとなる型番のセル【B4】を指定する。

❷ 参照表があるシート「**製品一覧**」のセル範囲【C3:H10】を指定する。

※別シートを参照する場合は「シート名!セルまたはセル範囲」で指定します。
※数式をコピーするため、絶対参照で指定します。

❸ 参照する商品名の行番号は「**2**」行目のため「**2**」を入力する。

❹ 完全に一致するものだけを検索するため「**FALSE**」を指定する。

POINT   VLOOKUP関数とHLOOKUP関数の違い

VLOOKUP関数もHLOOKUP関数も、どちらもキーとなるコードや番号に該当するデータを参照表から検索し、対応する値を表示できるという点では同じ機能を持っています。検索する値が縦方向に並んでいる場合はVLOOKUP関数を使用し、検索する値が横方向に並んでいる場合はHLOOKUP関数を使用するという違いがあります。

VLOOKUP関数とHLOOKUP関数のほかに、XLOOKUP関数があります。XLOOKUP関数は、検索する値の方向がどちらの場合にも使用することができます。

※XLOOKUP関数については、P.133を参照してください。

5 参照表から目的のデータを行ごと取り出す

関数 XLOOKUP（エックスルックアップ）

XLOOKUP関数を使うと、指定した範囲から該当するコードや番号、文字列などのデータを検索し、対応するデータを表示できます。VLOOKUP関数やHLOOKUP関数と違って、検索範囲が左端や上端にある必要はありません。

● XLOOKUP関数　スピル対応

＝XLOOKUP(検索値, 検索範囲, 戻り範囲, 見つからない場合, 一致モード, 検索モード)
　　　　　　❶　　　❷　　　❸　　　　　❹　　　　　　❺　　　　　❻

❶検索値
検索対象のコードや番号を入力するセルを指定します。
※全角と半角、英字の大文字と小文字は区別されません。

❷検索範囲
検索値を検索するセル範囲を指定します。

❸戻り範囲
検索値に対応するセル範囲を指定します。❷と同じ行数と列数のセル範囲を指定します。

❹見つからない場合
検索値が見つからない場合に返す値を指定します。
※省略できます。省略すると、エラー「#N/A」を返します。

❺一致モード
検索値を一致と判断する基準を指定します。

0	完全に一致するものを検索します。等しい値が見つからない場合、エラー「#N/A」を返します。
-1	完全に一致するものを検索します。等しい値が見つからない場合、次に小さいデータを返します。
1	完全に一致するものを検索します。等しい値が見つからない場合、次に大きいデータを返します。
2	ワイルドカード文字を使って検索します。

※省略できます。省略すると、「0」を指定したことになります。

❻検索モード

検索範囲を検索する方向を指定します。

1	検索範囲の先頭から末尾へ向かって検索します。
-1	検索範囲の末尾から先頭へ向かって検索します。
2	昇順で並べ替えられた検索範囲を使用して検索します。大量のデータを高速に検索する必要がある場合に使います。並べ替えられていない場合、無効となります。
-2	降順で並べ替えられた検索範囲を使用して検索します。大量のデータを高速に検索する必要がある場合に使います。並べ替えられていない場合、無効となります。

※省略できます。省略すると、「1」を指定したことになります。

使用例

OPEN 》 第6章 シート「6-5」

商品検索で入力した商品名に対応する情報を、商品リストを参照して、検索結果に表示します。

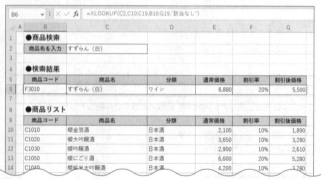

●セル【B6】に入力されている数式

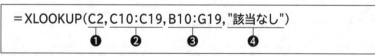

=XLOOKUP(C2, C10:C19, B10:G19, "該当なし")

❶ キーとなる商品名のセル**【C2】**を指定する。

❷ ❶で指定した商品名を検索するセル範囲**【C10:C19】**を指定する。

❸ **「検索結果」**に表示させる範囲として、**「商品リスト」**の商品情報が入力されているセル範囲**【B10:G19】**を指定する。

❹ 該当する商品名がない場合に表示する文字列**「該当なし」**を入力する。

※スピルで結果が表示されます。

関数の基礎知識

数学・三角

論理

日付・時刻

統計

検索・行列

情報

財務

文字列操作

データベース

エンジニアリング

索引

POINT XLOOKUP関数でできること

VLOOKUP関数やHLOOKUP関数と比較すると、XLOOKUP関数では、次のようなことができます。

●検索するデータの位置を、自由に指定できる

検索するコードや番号などは、範囲の左端または上端に限らず、自由に指定できます。

●データを取り出す範囲を簡単に指定できる

データを取り出す範囲は「範囲の左から〇列目」や「範囲の上から〇行目」ではなく、直接セル範囲を指定できるため、行列番号の数え間違いが防げます。また、検索範囲に列や行を挿入しても、結果が変わらないので、式を修正する必要はありません。

●既定で完全に一致する値を検索できる

VLOOKUP関数やHLOOKUP関数では、完全に一致する値を検索するためには、検索の型に「FALSE」を指定する必要があります。XLOOKUP関数では、完全に一致する値の検索が既定であるため、検索方法を指定する必要はありません。

●検索値が見つからない場合に表示するデータを指定できる

IF関数などほかの関数を組み合わせなくても、検索値が見つからない場合の処理を指定できます。

●1つの数式で複数の結果を表示できる

VLOOKUP関数やHLOOKUP関数では、複数のセルに結果を表示するには、数式を入力後、コピーする必要があります。XLOOKUP関数では、関数をコピーしなくても、スピルを使って、一度に複数のセルに結果を表示できます。

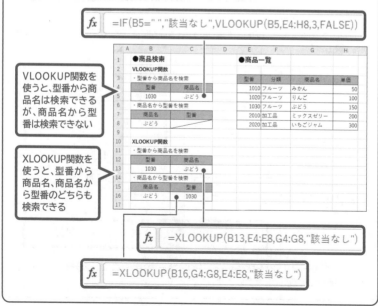

VLOOKUP関数を使うと、型番から商品名は検索できるが、商品名から型番は検索できない

XLOOKUP関数を使うと、型番から商品名、商品名から型番のどちらも検索できる

fx =IF(B5=" ","該当なし",VLOOKUP(B5,E4:H8,3,FALSE))

fx =XLOOKUP(B13,E4:E8,G4:G8,"該当なし")

fx =XLOOKUP(B16,G4:G8,E4:E8,"該当なし")

XLOOKUP関数の引数「一致モード」に「-1」や「1」を指定すると、完全に一致するデータがない場合、近似値を含めて検索できます。VLOOKUP関数やHLOOKUP関数と異なり、「検索範囲」を並べ替えておく必要はありません。

●「一致モード」に「-1」を指定
「○○以上○○未満」の結果を返します。検索範囲には「○○以上」を入力したセル範囲を指定します。

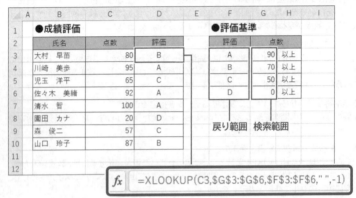

fx　=XLOOKUP(C3,$G$3:$G$6,$F$3:$F$6," ",-1)

●「一致モード」に「1」を指定
「○○より大きく○○以下」の結果を返します。検索範囲には「○○以下」を入力したセル範囲を指定します。

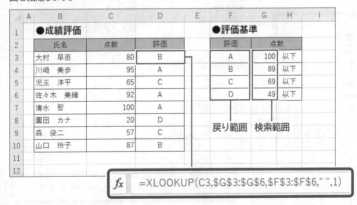

fx　=XLOOKUP(C3,$G$3:$G$6,$F$3:$F$6," ",1)

また、「一致モード」に「2」を指定すると、ワイルドカード文字を使って、部分的に等しい文字列を検索値として指定できます。

関数の基礎知識

数学・三角

論理

日付・時刻

統計

検索・行列

情報

財務

文字列操作

データベース

エンジニアリング

索引

6 参照表を切り替えて目的のデータを取り出す

関数 VLOOKUP（ブイルックアップ）
INDIRECT（インダイレクト）

VLOOKUP関数は、検索値をもとに、1つの参照表からデータを検索します。
INDIRECT関数は文字列を関数で利用できるように変換できるため、
VLOOKUP関数と組み合わせると、複数の参照表を自動的に切り替えて、データを検索することができます。

●INDIRECT関数

参照文字列（セル）に入力されている文字列の参照値を返します。

＝INDIRECT(参照文字列, 参照形式)
　　　　　　　　❶　　　　❷

---

❶参照文字列
文字列が入力されているセルを指定します。

❷参照形式
参照文字列で指定されたセルに含まれるセル参照の種類を「TRUE」または「FALSE」で指定します。
「TRUE」を指定すると「A1形式」で参照し、「FALSE」を指定すると「R1C1形式」で参照します。
※省略できます。省略すると「TRUE」を指定したことになります。
※参照形式についてはP.145を参照してください。

例）
セル【B5】に「C10」、セル【C10】に「ABC」と入力されている場合
=INDIRECT(B5) → ABC

※VLOOKUP関数についてはP.129を参照してください。

POINT 関数の引数に名前を使用

セルやセル範囲に「名前」を定義して、関数の引数として使うことができます。
関数の引数に名前を使うと、広範囲にわたるセル範囲や複数の範囲を指定する手間を省くことができ、数式も簡潔でわかりやすくなります。セル範囲が変わった場合でも、名前が参照しているセル範囲を変更するだけで、数式を修正する必要はありません。
セルやセル範囲に名前を定義する方法は、次のとおりです。
◆セル範囲を選択→名前ボックスに名前を入力→ Enter

VLOOKUP関数とINDIRECT関数の組み合わせ

$$=VLOOKUP(検索値, \underline{INDIRECT(参照文字列)}, 列番号, 検索方法)$$
$$\underset{範囲}{}$$

複数の参照表のセル範囲にそれぞれ名前を設定しておき、設定した名前をセルに入力します。その名前をINDIRECT関数を使って、VLOOKUP関数の引数「範囲」に利用できるように変換します。セルに入力された文字列が変わるたびにVLOOKUP関数で参照する範囲が切り替わります。

例)
品名と一致する単価を表示する場合

●セル【F4】に入力されている数式

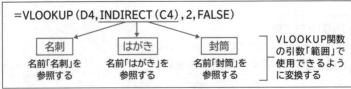

=VLOOKUP(D4, INDIRECT(C4), 2, FALSE)

名刺	はがき	封筒	VLOOKUP関数の引数「範囲」で使用できるように変換する
名前「名刺」を参照する	名前「はがき」を参照する	名前「封筒」を参照する	

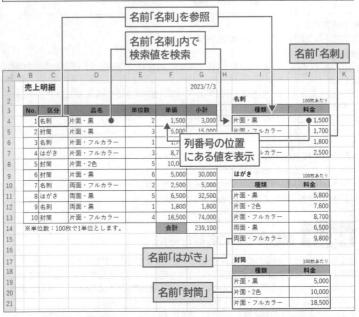

名前「名刺」を参照

名前「名刺」内で検索値を検索

名前「名刺」

A	B	C	D	E	F	G	H	I	J	K
1	売上明細					2023/7/3				
2								名刺	100枚あたり	
3	No.	区分	品名	単位数	単価	小計		種類	料金	
4	1	名刺	片面・黒	2	1,500	3,000		片面・黒	1,500	
5	2	封筒	片面・黒	3	5,000	15,000		片面・フルカラー	1,700	
6	3	名刺	片面・フルカラー	1	1,				1,800	
7	4	はがき	片面・フルカラー	3	8,7			ルカラー	2,500	
8	5	封筒	片面・2色	5	10,0					
9	6	封筒	片面・黒	6	5,000	30,000		はがき	100枚あたり	
10	7	名刺	両面・フルカラー	2	2,500	5,000		種類	料金	
11	8	はがき	両面・黒	5	6,500	32,500		片面・黒	5,800	
12	9	名刺	両面・2色	1	1,800	1,800		片面・2色	7,600	
13	10	封筒	片面・フルカラー	4	18,500	74,000		片面・フルカラー	8,700	
14	※単位数:100枚で1単位とします。				合計	239,100		両面・黒	6,500	
15								両面・フルカラー	9,800	
16										
17								封筒	100枚あたり	
18								種類	料金	
19								片面・黒	5,000	
20								片面・2色	10,000	
21								片面・フルカラー	18,500	

列番号の位置にある値を表示

名前「はがき」

名前「封筒」

※参照する範囲にはそれぞれ、名前「名刺」、名前「はがき」、名前「封筒」が設定されています。
※C列の区分とそれぞれの名前は完全に一致している必要があります。

使用例

名刺、はがき、封筒の各料金表を参照して、**「区分」**と**「品名」**に対応する**「単価」**を求めます。

	A B	C	D	E	F	G	H	I	J
1	売上明細					2023/7/3		料金表	
2								名刺	100枚あたり
3	No.	区分	品名	単位数	単価	小計		種類	料金
4	1	名刺	片面・黒	2	1,500	3,000		片面・黒	1,500
5	2	封筒	片面・黒	3	5,000	15,000		片面・フルカラー	1,700
6	3	名刺	片面・フルカラー	1	1,700	1,700		両面・黒	1,800
7	4	はがき	片面・フルカラー	3	8,700	26,100		両面・フルカラー	2,500
8	5	封筒	片面・2色	5	10,000	50,000			
9	6	封筒	片面・黒	6	5,000	30,000		はがき	100枚あたり
10	7	名刺	両面・フルカラー	2	2,500	5,000		種類	料金
11	8	はがき	両面・黒	5	6,500	32,500		片面・黒	5,800
12	9	名刺	両面・黒	1	1,800	1,800		片面・2色	7,600
13	10	封筒	片面・フルカラー	4	18,500	74,000		片面・フルカラー	8,700
14	※単位数：100枚で1単位とします。				合計	239,100		両面・黒	6,500
15								両面・フルカラー	9,800
16									
17								封筒	100枚あたり
18								種類	料金
19								片面・黒	5,000
20								片面・2色	10,000
21								片面・フルカラー	18,500
22									

セル F4 ＝VLOOKUP(D4,INDIRECT(C4),2,FALSE)

●**セル【F4】に入力されている数式**

$$= \text{VLOOKUP}(\underset{❶}{\text{D4}}, \underset{❷}{\text{INDIRECT(C4)}}, \underset{❸}{2}, \underset{❹}{\text{FALSE}})$$

❶検索値のセル**【D4】**を指定する。

❷参照表を切り替えるため、INDIRECT関数を使って、名前と同じ文字列が入力されているセル**【C4】**を指定する。

※セル範囲**【I4：J7】**には名前「名刺」、セル範囲**【I11：J15】**には名前「はがき」、セル範囲**【I19：J21】**には名前「封筒」が設定されています。

❸❷で変換された文字列に該当する名前の参照表の2列目の値を表示するため、列番号は**「2」**を指定する。

❹完全に一致するものだけを検索するため**「FALSE」**を指定する。

※この使用例では、VLOOKUP関数の代わりにXLOOKUP関数を使用することもできます。XLOOKUP関数については、P.133を参照してください。

関数の基礎知識

数学・三角

論理

日付・時刻

統計

検索・行列

情報

財務

文字列操作

データベース

エンジニアリング

索引

複数のシートにまたがるデータを1つのシートに転記

VLOOKUP関数の参照範囲にINDIRECT関数を使って、シート名を含めて指定すると、複数のシートのデータを1つのシートに簡単に転記できます。

例)
シート別に作成した3店舗の売上表をもとに、シート「全店集計」に3店舗の売上合計をまとめる

$$=\text{VLOOKUP}(\$A3,\underline{\text{INDIRECT}(B\$2\&"!A3:F9")},6,\text{FALSE})$$

シート参照範囲

※シート「全店集計」の列見出しの店舗名と各シートのシート名を一致させておきます。
※文字列演算子「&（アンパサンド）」は、&の前後の文字をつなぐときに使います。
※INDIRECT関数の引数に指定した「シート名&"!範囲"」は、「シート名!範囲」というVLOOKUP関数の参照範囲に利用できる値に変換されます。この値の変化に合わせて、VLOOKUP関数の参照範囲を切り替えます。

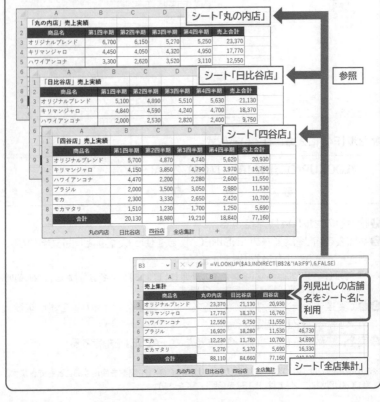

140

基礎知識 関数の

数学・三角

論理

日付・時刻

統計

検索・行列

情報

財務

文字列 操作

データベース

エンジニアリング

索引

POINT LET関数（レット）

LET関数を使うと、LET関数内で使用する数式やセルなどに名前を付けることができます。
1つの数式の中で同じ数式やセルを何度も使う場合に、数式やセルにわかりやすい名前を付けて使用すると、数式が簡略化され、あとから見やすくなります。
※定義した名前は、LET関数以外の場所で使用することはできません。

●LET関数

=LET(名前1,名前値1,名前2,名前値2,・・・,計算)
　　　　❶　　　❷　　　　❸　　　❹　　　　　❺

---

❶名前1
割り当てる1つ目の名前を定義します。
※名前は文字で始まる必要があります。

❷名前値1
❶で割り当てた名前に関連付ける数式、数値、セルを指定します。

❸名前2
割り当てる2つ目の名前を定義します。
※名前は文字で始まる必要があります。

❹名前値2
❸で割り当てた名前に関連付ける数式、数値、セルを指定します。
※「名前」と「名前値」の組み合わせは、最大126組まで指定できます。

❺計算
❶や❸で割り当てた名前を使用した計算式を入力します。

例)
試験の点数を判定基準に従って判定する場合
※IFS関数で繰り返し使う「AVERAGE（$C$3:$C$7）」に「平均」と名前を付けています。

| D3 | | $\times$ $\checkmark$ f_x | =LET(平均,AVERAGE($C$3:$C$7),IFS(C3>=平均+15,"A",C3>=平均+10,"B",C3>=平均,"C",TRUE,"D")) |

	A	B	C	D	E	F	G	H
1								
2		名前	点数	判定			判定基準	
3		斎藤　歩美	60	D		A判定	平均点より15点以上高い点数	
4		中村　亮	81	A		B判定	平均点より10点以上高い点数	
5		木幡　早妃	69	C		C判定	平均点以上の点数	
6		岡　真帆	78	B		D判定	それ以外の点数	
7		池上　有紀奈	38	D				
8								

7 ランダムな値に対するデータを取り出す

関数 VLOOKUP（ブイルックアップ）
RANDBETWEEN（ランドビトウィーン）

RANDBETWEEN関数は、指定した範囲の中でランダム値（乱数）を返します。このランダム値をVLOOKUP関数の検索値に組み合わせると、ランダムに選ばれた顧客番号（検索値）をもとに氏名を表示するといった抽選などに利用することができます。

● RANDBETWEEN関数

指定した最小値、最大値の範囲からランダムな整数の値を返します。この関数は「数学/三角関数」に分類されています。

＝RANDBETWEEN（最小値, 最大値）
　　　　　　　　　　❶　　　❷

---

❶最小値
ランダムに変化させる整数の最小値の数値またはセルを指定します。

❷最大値
ランダムに変化させる整数の最大値の数値またはセルを指定します。

※VLOOKUP関数についてはP.129を参照してください。

POINT　VLOOKUP関数とRANDBETWEEN関数の組み合わせ

VLOOKUP関数の検索値にRANDBETWEEN関数を組み合わせると、ランダムにデータを取り出すことができます。

=VLOOKUP（RANDBETWEEN（最小値, 最大値）, 範囲, 列番号, FALSE）
　　　　　　　　　　　　　　　　　　❶

❶ RANDBETWEEN関数の最小値と最大値には、検索する範囲の最初のセルの値と最後のセルの値を指定します。

❷❶で求めた数値をVLOOKUP関数の検索値として、指定した範囲の中から表示したい列番号のデータを検索して取り出します。

使用例

OPEN ≫ 第6章 シート「6-7」

抽選対象者からランダムに顧客名を取り出して、当選者を表示します。

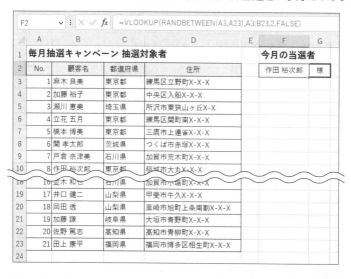

●セル【F2】に入力されている数式

$$= VLOOKUP(\underbrace{RANDBETWEEN(A3, A23)}_{①}, \underbrace{A3:B23}_{②}, \underbrace{2}_{③}, \underbrace{FALSE}_{④})$$

❶RANDBETWEEN関数を使って、最小値に顧客データのNo.の先頭のセル【A3】を指定し、最大値に末尾のセル【A23】を指定する。

❷参照表があるセル範囲【A3:B23】を指定する。

❸参照する列番号は「2」列目のため「2」を入力する。

❹完全に一致するものだけを検索するため「FALSE」を指定する。

※この使用例では、VLOOKUP関数の代わりにXLOOKUP関数を使用することもできます。
　XLOOKUP関数については、P.133を参照してください。

RANDBETWEEN関数で求めたランダム値は、次のタイミングで再計算され、新しいランダム値に更新されます。

●ブックを開く	●セルを編集する	● F9 を押す

一度決定したデータが自動的に更新されないようにするには、計算方法を手動に切り替えて、ブックを保存する前に再計算が実行されないようにします。

計算方法を手動に切り替え、保存時に再計算されないように設定する方法は、次のとおりです。

◆《ファイル》タブ→《オプション》→《数式》→《計算方法の設定》の《●手動》→《 ブックの保存前に再計算を行う》

※お使いの環境によっては、《オプション》が表示されていない場合があります。その場合は、《その他》→《オプション》を選択します。

POINT RANDARRAY関数（ランダムアレイ）

最小値と最大値を指定して、その範囲内の乱数を返します。抽選をしたり、サンプルデータなどを作成したりするときに便利です。この関数は「数学/三角関数」に分類されています。

●RANDARRAY関数 スピル対応

=RANDARRAY(行, 列, 最小, 最大, 整数)
     ❶ ❷   ❸   ❹   ❺

❶行
生成する行数を指定します。

❷列
生成する列数を指定します。

❸最小
乱数の最小値を指定します。

❹最大
乱数の最大値を指定します。

❺整数
「FALSE」または「TRUE」を指定します。

FALSE	小数を含む乱数を表示します。
TRUE	整数のみの乱数を表示します。

※省略できます。省略すると「FALSE」を指定したことになります。

関数の
基礎知識

数学・三角

論理

日付・時刻

統計

検索・行列

情報

財務

文字列
操作

データ
ベース

エンジニ
アリング

索引

8 入力する項目ごとにリストを切り替える

関数 INDIRECT（インダイレクト）

リストを使ってデータを入力する場合、項目ごとに入力用リストを指定しておくと、データの誤入力を防ぐことができます。**「入力規則」**にINDIRECT関数を設定すると、入力する項目ごとにリストを切り替えることができます。

●INDIRECT関数

＝INDIRECT(**参照文字列**, **参照形式**)
　　　　　　　　❶　　　　　❷

---

❶参照文字列
文字列が入力されているセルを指定します。

❷参照形式
参照文字列で指定されたセルに含まれるセル参照の種類を「TRUE」または「FALSE」で指定します。
「TRUE」を指定すると「A1形式」で参照し、「FALSE」を指定すると「R1C1形式」で参照します。
※省略できます。省略すると「TRUE」を指定したことになります。

POINT 参照形式

セル参照をA1のようにA列の1行目と指定する方式を「A1形式」といい、列・行の両方に番号を指定する形式を「R1C1形式」といいます。R1C1形式では、Rに続けて行番号を、Cに続けて列番号を指定します。

POINT 名前の管理

セルやセル範囲に定義した名前を確認する方法は、次のとおりです。
◆セル範囲を選択→《数式》タブ→ （名前の管理）

※名前を定義する方法についてはP.137を参照してください。

入力規則のリストを自動的に切り替える

入力用リストとして表示するセル範囲に名前を付けておき、「部門」に入力されたデータに応じて、「種別」や「担当」のリストに切り替わるよう、INDIRECT関数を入力規則に設定します。

=INDIRECT（部門名のセル）

例）
「種別」に名前「健康食品」を入力用リストとして表示する場合

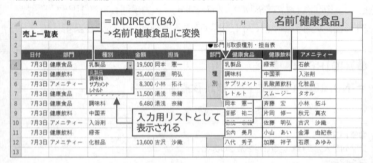

同じ部門の種別と担当の範囲名を区別します。INDIRECT関数の引数には文字列演算子と文字列を組み合わせて名前を指定します。

=INDIRECT（部門名のセル&"担当"）

例）
「担当」に名前「健康食品担当」を入力用リストとして表示する場合

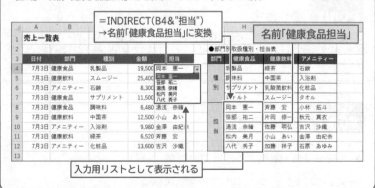

部門に応じた「**種別**」と「**担当**」をリストから選択できるようにします。

	A	B	C	D	E	F	G	H	I	J
1	売上一覧表									
2							●部門別取扱種別・担当表			
3	日付	部門	種別	金額	担当		部門	健康食品	健康飲料	アメニティー
4	7月3日	健康食品	乳製品	19,500	岡本　憲一			乳製品	緑茶	石鹸
5	7月3日	健康飲料	乳製品／調味料	25,400	佐藤　明弘		種別	調味料	中国茶	入浴剤
6	7月3日	アメニティー	サプリメント	8,300	小林　拓斗			サプリメント	乳酸菌飲料	化粧品
7	7月3日	健康食品	レトルト	11,500	湯浅　奈緒			レトルト	スムージー	タオル
8	7月3日	健康食品	調味料	6,480	湯浅　奈緒			岡本　憲一	斉藤　宏	小林　拓斗
9	7月3日	健康飲料	中国茶	12,500	小山　あい			笹部　祐二	片岡　修一	秋元　真衣
10	7月3日	アメニティー	入浴剤	9,980	金澤　由紀奈		担当	湯浅　奈緒	佐藤　明弘	吉沢　沙織
11	7月3日	健康飲料	緑茶	6,520	斉藤　宏			松内　美月	小山　あい	金澤　由紀奈
12	7月3日	アメニティー	化粧品	13,600	吉沢　沙織			八代　秀子	加藤　祥子	石原　あゆみ
13										

●「種別」に入力規則を設定する

◆セル範囲【C4：C12】を選択→《**データ**》タブ→《**データツール**》グループの（データの入力規則）→《**設定**》タブ→《**入力値の種類**》の▽→一覧から《**リスト**》を選択→《**元の値**》に関数を入力→《**OK**》

● 入力規則に設定されている数式

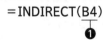

= INDIRECT(B4)
❶

❶部門のセル【B4】を指定する。

※セル範囲【H4：H7】には名前「健康食品」、セル範囲【I4：I7】には名前「健康飲料」、セル範囲【J4：J7】には名前「アメニティー」が設定されています。

※リストから、部門に応じた「種別」が選択できることを確認しておきましょう。

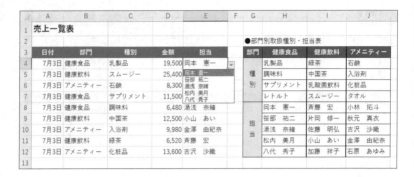

	A	B	C	D	E	F	G	H	I	J
1	売上一覧表									
2							●部門別取扱種別・担当表			
3	日付	部門	種別	金額	担当		部門	健康食品	健康飲料	アメニティー
4	7月3日	健康食品	乳製品	19,500	岡本 憲一			乳製品	緑茶	石鹸
5	7月3日	健康飲料	スムージー	25,400	岡本 憲一		種	調味料	中国茶	入浴剤
6	7月3日	アメニティー	石鹸	8,300	笹部 祐二		別	サプリメント	乳酸菌飲料	化粧品
7	7月3日	健康食品	サプリメント	11,500	松内 美月 / 八代 秀子			レトルト	スムージー	タオル
8	7月3日	健康食品	調味料	6,480	湯浅 奈緒			岡本 憲一	斉藤 宏	小林 拓斗
9	7月3日	健康飲料	中国茶	12,500	小山 あい		担	笹部 祐二	片岡 修一	秋元 真衣
10	7月3日	アメニティー	入浴剤	9,980	金澤 由紀奈		当	湯浅 奈緒	佐藤 明弘	吉沢 沙織
11	7月3日	健康飲料	緑茶	6,520	斉藤 宏			松内 美月	小山 あい	金澤 由紀奈
12	7月3日	アメニティー	化粧品	13,600	吉沢 沙織			八代 秀子	加藤 祥子	石原 あゆみ
13										

●「担当」に入力規則を設定する

◆セル範囲【E4:E12】を選択→《データ》タブ→《データツール》グループの 📷（データの入力規則）→《設定》タブ→《入力値の種類》の ∨ →一覧から《リスト》を選択→《元の値》に関数を入力→《OK》

●入力規則に設定されている数式

=INDIRECT(B4&"担当")
　　　　　　　　❶

❶部門のセル【B4】と「&（アンパサンド）」、文字列「担当」を指定する。

※文字列「担当」は「"（ダブルクォーテーション）」で囲みます。
※セル範囲【H8:H12】には名前「健康食品担当」、セル範囲【I8:I12】には名前「健康飲料担当」、セル範囲【J8:J12】には名前「アメニティー担当」が設定されています。

※リストから、部門に応じた「担当」が選択できることを確認しておきましょう。

関数の基礎知識

数学／三角

論理

日付／時刻

統計

検索／行列

情報

財務

文字列操作

データベース

エンジニアリング

索引

9 データに対応するセルの位置を求める

関数

関数 MATCH（マッチ）

MATCH関数を使うと、指定した範囲内でデータを検索して、検査値が検査範囲の何番目にあるかを調べることができます。検査範囲の先頭のセルを「1」として、検査値の相対位置がわかります。

●MATCH関数

＝MATCH(**検査値**, **検査範囲**, **照合の種類**)
　　　　　　❶　　　❷　　　　❸

---

❶検査値
照合する値またはセルを指定します。

❷検査範囲
検査値を検索するセル範囲を指定します。

❸照合の種類
検査値を探す方法を指定します。

1	検査値を超えない最大値を検査範囲内で検索し、その値が入力されている表の位置を求めます。検査範囲は昇順に並べておきます。
0	検査値に等しい値を検査範囲内で検索し、その値が入力されている表の位置を求めます。
-1	検査値を超える最小値を検査範囲内で検索し、その値が入力されている表の位置を求めます。検査範囲は降順に並べておきます。

※省略できます。省略すると「1」を指定したことになります。

例）
セル【C3】に入力されている「点数」をもとに、理解度のレベルを点数・理解度対応表から検索してセル【D3】に表示する場合

	A	B	C	D	E	F	G	H	I
1							●点数・理解度対応表		
2		氏名	点数	理解度			点数	理解度	
3		髙橋　陽子	100	3		0	〜69点	1	
4		木村　達也	68	1		70	〜89点	2	
5		田中　誠	82	2		90	点以上	3	
6		酒井　梨沙子	91	3					

D3　　✓　　×　✓　ƒx　＝MATCH(C3,$F$3:$F$5,1)

イベントの「**来場者数**」に対応する「**集客レベル**」を表示します。

D4	⌄	:	× ✓ ƒx	=MATCH(C4,$F$4:$F$6,1)				

	A	B	C	D	E	F	G	H	I
1		**イベント開催結果一覧**							
2									
3		イベント名	来場者数	集客レベル		来場者数			集客レベル
4		光と風の写真展	4,561	1		0	～4999人	1	大きな見直しが必須
5		江戸時代浮世絵展	5,941	2		5000	～7999人	2	見直しをして次回に期待
6		ベネチアガラス展	6,891	2		8000	人以上	3	集客効果あり
7		二十世紀巨匠展	11,286	3					
8		新作着物ショー	7,850	2					
9		古都伝統の意匠展	6,805	2					
10		パリ印象派画家展	10,152	3					
11		アメリカンキルト展	8,920	3					
12		小倉百人一首展	9,645	3					
13									

●セル【D4】に入力されている関数

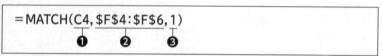

$$= MATCH(C4, \$F\$4:\$F\$6, 1)$$
        ❶   ❷   ❸

❶照合する値としてセル【C4】を指定する。

❷検索する数値が含まれるセル範囲【F4:F6】を指定する。

※数式をコピーするため、絶対参照で指定します。

❸検査値を超えない最大値を検索するため「1」を入力する。

※本ページ記載の例では、MATCH関数の代わりにXMATCH関数を使用することもできます。
　XMATCH関数については、P.151を参照してください。

関数の
基礎知識

数学・三角

論理

日付・時刻

統計

検索・行列

情報

財務

文字列
操作

データ
ベース

エンジニ
アリング

索引

10 参照表から一致するデータを取り出す

関数
INDEX（インデックス）
XMATCH（エックスマッチ）

XMATCH関数を使うと、指定した範囲内でデータを検索して、検索値が検索範囲の何番目にあるかを調べることができます。また、INDEX関数を使って行と列の位置から交点のデータを求めることができます。

●INDEX関数

指定した範囲の行と列の交点のデータを求めます。

$$= INDEX(配列, 行番号, 列番号)$$

❶配列
取り出すデータが入力されているセル範囲を指定します。

❷行番号
❶で指定したセル範囲の上から何行目を取り出すのかを数値またはセルで指定します。

❸列番号
❶で指定したセル範囲の左から何列目を取り出すのかを数値またはセルで指定します。
※省略できます。省略した場合は、必ず行番号を指示する必要があります。

例）
指定したセル範囲【B8:D11】の上から4行目、左から2列目のデータを求める場合

C4		: $\times \checkmark f_x$	=INDEX(B8:D11,C2,C3)		
	A	B	C	D	E	F
1	合否ボーダーライン					
2	学部	経済学部	4	行目		
3	区分	一般	2	列目		
4	合格最低点		118			
5						
6	入試区分別合格最低点					
7	学部/区分	特待	一般	補欠		
8	法学部	158	124	118		
9	文学部	186	175	158		
10	商学部	175	158	124		
11	経済学部	134	118	105		
12						

● XMATCH関数

参照するセル範囲から該当するデータを検索し、セルの相対位置を返します。

$$= XMATCH(検索値, 検索範囲, 一致モード, 検索モード)$$

❶　　　　　❷　　　　　❸　　　　　❹

❶検索値
検索する値またはセルを指定します。
※全角と半角、英字の大文字と小文字は区別されません。

❷検索範囲
検索値を検索するセル範囲を指定します。

❸一致モード
検索値を一致と判断する基準を指定します。

0	完全に一致するものを検索します。等しい値が見つからない場合、エラー「#N/A」を返します。
-1	完全に一致するものを検索します。等しい値が見つからない場合、次に小さいデータを返します。
1	完全に一致するものを検索します。等しい値が見つからない場合、次に大きいデータを返します。
2	ワイルドカード文字を使って検索します。

※省略できます。省略すると、「0」を指定したことになります。

❹検索モード
検索範囲を検索する方向を指定します。

1	検索範囲の先頭から末尾へ検索します。
-1	検索範囲の末尾から先頭へ検索します。
2	昇順で並べ替えられた検索範囲を使用して検索します。大量のデータを高速に検索する必要がある場合に使います。並べ替えられていない場合、無効になります。
-2	降順で並べ替えられた検索範囲を使用して検索します。大量のデータを高速に検索する必要がある場合に使います。並べ替えられていない場合、無効になります。

※省略できます。省略すると、「1」を指定したことになります。

POINT　MATCH関数とXMATCH関数の違い

XMATCH関数は、MATCH関数を拡張した関数です。
MATCH関数は「検索値」に255文字の制限がありますが、XMATCH関数では文字数の制限がありません。また、XMATCH関数の「検索モード」では、検索する方向を指定できるほか、「一致モード」の既定値が「0」となっています。完全に一致するものを検索する場合は、一致モードの指定を省略できます。

使用例 ────────────────── OPEN ≫ 第6章 シート[6-10]

人口統計の一覧を参照し、「**区名**」に対応する「**面積（平方km）**」を表示します。

	I4		✓ :	× ✓ fx	=INDEX(F4:F8,XMATCH(H4,B4:B8))				
▲	A	B	C	D	E	F	G	H	I	J

	A	B	C	D	E	F	G	H	I	J
1		旭港市人口統計（2022年）								
2										
3		区名	男性人口	女性人口	全人口	面積（平方km）		区名	面積（平方km）	
4		港北区	71,589	70,329	141,918	15.32		中央区	18.38	
5		港南区	50,255	48,591	98,846	20.81				
6		中央区	52,769	50,117	102,886	18.38				
7		もみじ区	68,442	66,941	135,383	22.45				
8		奥旭区	60,716	56,773	117,489	17.92				
9		合計	303,771	292,751	596,522	94.88				
10		平均	60,754	58,550	119,304	18.98				
11										

●セル【I4】に入力されている数式

$$= INDEX(\underset{❶}{F4:F8}, \underset{❷}{XMATCH(H4, B4:B8)})$$

❶取り出すデータが入力されているセル範囲【F4:F8】を指定する。
❷XMATCH関数を使って、区名のセル【H4】と一致するデータをセル範囲【B4:B8】の中から検索し、その位置を調べる。

POINT SEARCH関数（サーチ）

対象から検索文字列を検索し、最初に現れる位置が先頭から何番目かを返します。英字の大文字と小文字は区別されません。この関数は「文字列操作関数」に分類されています。

●SEARCH関数

$$= SEARCH(\underset{❶}{検索文字列}, \underset{❷}{対象}, \underset{❸}{開始位置})$$

❶検索文字列
検索する文字列またはセルを指定します。
※検索文字列にワイルドカード文字を使えます。

❷対象
検索対象となる文字列またはセルを指定します。

❸開始位置
検索を開始する位置を数値またはセルで指定します。数値は対象の先頭を1文字目として文字単位で指定します。
※「1」は省略できます。省略すると、先頭の文字から検索を開始します。

関数 FILTER（フィルター）

FILTER関数を使うと、リストから条件に合うデータを抽出して表示できます。
Excelのフィルターと同様の機能ですが、抽出したデータを元の表とは別の場
所に表示できる点で異なります。また、関数であるため、複数の条件を設定し
たり、別の関数と組み合わせたりして使うこともできます。

● FILTER関数　スピル対応

＝FILTER(配列, 含む, 空の場合)
　　　　　 ❶　　 ❷　　 ❸

---

❶配列
抽出の対象となるセル範囲を指定します。

❷含む
抽出する条件を数式で指定します。

❸空の場合
該当するデータがない場合に返す値を指定します。
※省略できます。省略すると、該当するデータがない場合は、エラー「#CALC!」を返します。

使用例

OPEN » 第6章 シート「6-11」

セミナー売上一覧から、「**学習形態**」がオンラインのコースを抽出します。

H5	▼ : × ✓ *fx*	=FILTER(B5:F19,C5:C19=I2,"該当なし")									
⬜	A	B	C	D	E	F	G	H	I	J	K	L
1	セミナー売上一覧											
2						単位：円		学習形態		オンライン		
3												単位：円
4		コース名	学習形態	単価	人数	売上金額		コース名	学習形態	単価	人数	売上金額
5	学生のためのデータリテラシー	オンライン	28,000	40	1,120,000		学生のためのデータリテラシー	オンライン	28,000	40	1,120,000
6	ハラスメント防止講座	集合	25,000	10	250,000		SDGs入門	オンライン	12,000	40	240,000
7	SDGs入門	オンライン	12,000	40	240,000		動画で学ぶビジネスマナー	オンライン	18,000	12	216,000
8	動画で学ぶビジネスマナー	オンライン	18,000	12	216,000		動画で攻めるプロモーション術	オンライン	22,000	28	616,000
9	ビジネスで役立つ実践文章力	集合	28,000	10	280,000		PowerPointマスター	オンライン	15,000	120	1,800,000
10	AI利活用入門	集合	12,000	5	60,000		Wordマスター！論文作成	オンライン	15,000	74	1,110,000
11	動画で攻めるプロモーション術	オンライン	22,000	28	616,000		データからみる顧客ニーズ分析	オンライン	24,000	21	504,000
12	PowerPointマスター	オンライン	15,000	120	1,800,000		SNSを活用した戦略的マーケティング	オンライン	22,000	12	264,000
13	Wordマスター！論文作成	オンライン	15,000	74	1,110,000		情報モラル＆情報セキュリティ	オンライン	18,000	120	2,160,000
14	データからみる顧客ニーズ分析	オンライン	24,000	21	504,000						
15	SNSを活用した戦略的マーケティング	オンライン	22,000	12	264,000						
16	アンガーマネジメント	集合	26,000	15	390,000						
17	SDGs入門	集合	12,000	20	480,000						
18	情報モラル＆情報セキュリティ	オンライン	18,000	120	2,160,000						
19	学生のためのデータリテラシー	集合	28,000	80	2,240,000						
20											

●**セル【H5】に入力されている数式**

$$=FILTER(\underbrace{B5:F19}_{❶}, \underbrace{C5:C19=I2}_{❷}, \underbrace{"該当なし"}_{❸})$$

❶抽出の対象となるセル範囲【B5:F19】を指定する。

❷抽出条件として「**学習形態**」が入力されているセル範囲【C5:C19】を条件に
指定する。

❸条件に一致しない場合に表示する文字列「**該当なし**」を入力する。
※スピルで結果が表示されます。

> ### POINT 複数の条件の指定
>
> FILTER関数の引数「含む」で複数の条件を指定する場合は、演算子を使って指定します。
> 複数の条件を満たす場合は、論理式を「*」でつなぎます。どれか1つを満たす場合は、論理
> 式を「+」でつなぎます。
>
> 例)
>
> $$=FILTER(B5:F19, (C5:C19="集合")*(E5:E19>=50),"該当なし")$$
>
> 抽出対象のセル範囲【B5:F19】から「学習形態」が集合、かつ「人数」が50以上のデータを
> 抽出します。該当するデータがない場合は文字列「該当なし」を表示します。
>
> $$=FILTER(B5:F19, (C5:C19="集合")+(E5:E19>=50),"該当なし")$$
>
> 抽出対象のセル範囲【B5:F19】から「学習形態」が集合、または「人数」が50以上のデータ
> を抽出します。該当するデータがない場合は文字列「該当なし」を表示します。

関数の
基礎知識

数学/三角

論理

日付/時刻

統計

検索/行列

情報

財務

文字列
操作

データ
ベース

エンジニ
アリング

索引

155

12 データを並べ替えて表示する

関数 SORT（ソート）

SORT関数を使うと、表を1つのキーを基準に昇順や降順に並べ替え、元の表とは別の場所に結果を表示できます。並べ替える基準は1つだけです。

● SORT関数 スピル対応

= SORT(**配列**, **並べ替えインデックス**, **並べ替え順序**, **並べ替え基準**)
      ❶   ❷   ❸   ❹

---

❶配列
並べ替えを行うセル範囲を指定します。

❷並べ替えインデックス
並べ替えの基準となるキーを数値で指定します。「2」と指定すると2行目、または2列目となります。
※省略できます。省略すると、配列の1行目または1列目となります。

❸並べ替え順序
「1」（昇順）または「-1」（降順）を指定します。
※省略できます。省略すると、「1」を指定したことになります。
※日本語は、文字コード順になります。

❹並べ替え基準
「FALSE」または「TRUE」を指定します。

FALSE	行で並べ替えます。
TRUE	列で並べ替えます。

※省略できます。省略すると、「FALSE」を指定したことになります。

関数の基礎知識

数学・三角

論理

日付・時刻

統計

検索・行列

情報

財務

文字列操作

データベース

エンジニアリング

索引

使用例

OPEN ≫ 第6章 シート「6-12」

売上金額が多い順に並べ替えて表示します。

| H4 | ✓ : × ✓ fx | =SORT(B4:F15,5,-1) |

	A	B	C	D	E	F	G	H	I	J	K	L
1		調理家電部門　上期売上表										
2						単位：円						単位：円
3		商品コード	商品名	単価	数量	売上金額		商品コード	商品名	単価	数量	売上金額
4		H1105	マルチホットプレート	15,600	362	5,647,200		K1103	電気圧力鍋	18,600	595	11,067,000
5		H1201	スモークレス焼肉グリル	13,000	570	7,410,000		H1201	スモークレス焼肉グリル	13,000	570	7,410,000
6		H1311	角型グリル鍋	9,800	318	3,116,400		H1105	マルチホットプレート	15,600	362	5,647,200
7		K1011	スティックブレンダー	8,700	180	1,566,000		T1220	ノンフライオーブン	17,000	267	4,539,000
8		K1103	電気圧力鍋	18,600	595	11,067,000		K1402	糖質カット炊飯器	16,000	267	4,272,000
9		K1223	ヨーグルトメーカー	6,700	108	723,600		K1311	スロークッカー	9,800	321	3,145,800
10		K1311	スロークッカー	9,800	321	3,145,800		H1311	角型グリル鍋	9,800	318	3,116,400
11		K1402	糖質カット炊飯器	16,000	267	4,272,000		K1011	スティックブレンダー	8,700	180	1,566,000
12		K1509	電気ケトル	4,200	338	1,419,600		K1509	電気ケトル	4,200	338	1,419,600
13		T1101	オーブントースター	7,480	180	1,346,400		T1101	オーブントースター	7,480	180	1,346,400
14		T1102	ホットサンドメーカー	5,800	199	1,154,200		T1102	ホットサンドメーカー	5,800	199	1,154,200
15		T1220	ノンフライオーブン	17,000	267	4,539,000		K1223	ヨーグルトメーカー	6,700	108	723,600
16												

●セル【H4】に入力されている数式

$$=SORT(\underset{❶}{B4:F15},\underset{❷}{5},\underset{❸}{-1})$$

❶並べ替えのもとになるセル範囲【B4:F15】を指定する。

❷並べ替えのキーとなる列を数値で指定する。セル範囲の5列目を基準に並べ替えるため、「5」を指定する。

❸「売上金額」の多い順に並べ替えるため、「-1」(降順)を指定する。

※スピルで結果が表示されます。

POINT SORTBY関数（ソートバイ）

SORTBY関数を使うと、表を1つ以上のキーを基準に昇順や降順に並べ替え、元の表とは別の場所に結果を表示できます。

●SORTBY関数　スピル対応

=SORTBY(配列, 基準配列1, 並べ替え順序1, 基準配列2, 並べ替え順序2, …)
　　　　 ❶　　 ❷　　　　 ❸　　　　　　 ❹　　　　　 ❺

---

❶配列
並べ替えを行うセル範囲を指定します。

❷基準配列1
1つ目の並べ替えの基準となるキーをセル範囲で指定します。❶と同じサイズのセル範囲を指定します。

❸並べ替え順序1
1つ目の並べ替えの順序を指定します。
「1」（昇順）または「-1」（降順）を指定します。
※省略できます。省略すると、「1」を指定したことになります。
※日本語は、文字コード順になります。

❹基準配列2
2つ目の並べ替えの基準となるキーをセル範囲で指定します。

❺並べ替え順序2
2つ目の並べ替えの順序を指定します。

例)
テストの結果をクラスの昇順、さらに合計点の降順で並べ替える場合

fx　=SORTBY(B4:F10,C4:C10,1,F4:F10,-1)

	A	B	C	D	E	F	G	H	I	J	K	L
1		ビジネス英語確認テスト										
2												
3		氏名	クラス	リスニング	スピーキング	合計点		氏名	クラス	リスニング	スピーキング	合計点
4		髙倉 李衣	A	89	71	160		黒川 舞奈	A	92	81	173
5		大塚 武雄	B	67	63	130		有馬 健吾	A	75	95	170
6		栗駒 ゆり	B	88	89	177		髙倉 李衣	A	89	71	160
7		有馬 健吾	A	75	95	170		栗駒 ゆり	B	88	89	177
8		大久保 瑠衣	C	54	58	112		大塚 武雄	B	67	63	130
9		黒川 舞奈	A	92	81	173		石見 翔	C	80	100	180
10		石見 翔	C	80	100	180		大久保 瑠衣	C	54	58	112
11												

関数の基礎知識

数学・三角

論理

日付・時刻

統計

検索・行列

情報

財務

文字列操作

データベース

エンジニアリング

索引

13 重複しないデータだけを取り出す

関数 UNIQUE（ユニーク）

UNIQUE関数を使うと、同じ値が複数入力されているデータから重複データを除いた値を取り出して表示できます。

● UNIQUE関数 スピル対応

= UNIQUE(配列, 列の比較, 回数指定)
　　　　　 ❶　　 ❷　　　 ❸

---

❶配列
データを取り出すセル範囲を指定します。

❷列の比較
「FALSE」または「TRUE」を指定します。

FALSE	行同士を比較します。
TRUE	列同士を比較します。

※省略できます。省略すると、「FALSE」を指定したことになります。

❸回数指定
「FALSE」または「TRUE」を指定します。

FALSE	個別の値をすべて返します。
TRUE	1回だけ出現する値を返します。

※省略できます。省略すると、「FALSE」を指定したことになります。

売上表を参照して、販売店と担当者の一覧を重複データを除いて表示します。

| J4 | ✓ : × ✓ fx | =UNIQUE(C4:D20) | | | | | | | | |

	A	B	C	D	E	F	G	H	I	J	K
1		**スマートウォッチ　新機種売上実績（GW販売強化期間）**									
2								単位：円		担当者一覧	
3		売上日	販売店	担当者	機種コード	単価	数量	売上金額		販売店	担当者
4		2023/4/29	渋谷	山田　望	SW-5001	32,800	7	229,600		渋谷	山田　望
5		2023/4/29	秋葉原	松本　翔太	SW-5002	42,800	5	214,000		秋葉原	松本　翔太
6		2023/4/30	渋谷	佐藤　龍平	SW-2003	12,800	5	64,000		渋谷	佐藤　龍平
7		2023/4/30	渋谷	佐藤　龍平	SW-8001	62,900	8	503,200		秋葉原	松岡　慶
8		2023/5/1	渋谷	佐藤　龍平	SW-2005	22,600	1	22,600		新宿	村上　莉沙子
9		2023/5/1	秋葉原	松本　翔太	SW-2003	12,800	4	51,200			
10		2023/5/2	渋谷	山田　望	SW-8001	62,900	3	188,700			
11		2023/5/3	渋谷	山田　望	SW-2005	22,600	2	45,200			
12		2023/5/3	秋葉原	松岡　慶	SW-5001	32,800	5	164,000			
13		2023/5/3	秋葉原	松岡　慶	SW-5002	42,800	2	85,600			
14		2023/5/4	渋谷	佐藤　龍平	SW-8001	62,900	9	566,100			
15		2023/5/4	渋谷	佐藤　龍平	SW-2005	22,600	9	203,400			
16		2023/5/5	新宿	村上　莉沙子	SW-5001	32,800	11	360,800			
17		2023/5/6	秋葉原	松本　翔太	SW-5002	42,800	10	428,000			
18		2023/5/6	秋葉原	松本　翔太	SW-5001	32,800	6	196,800			
19		2023/5/7	秋葉原	松岡　慶	SW-2005	22,600	10	226,000			
20		2023/5/7	渋谷	山田　望	SW-5002	42,800	4	171,200			
21											

●セル【J4】に入力されている数式

＝UNIQUE(<u>C4:D20</u>)
　　　　　　❶

❶データを取り出すセル範囲【C4:D20】を指定する。

※スピルで結果が表示されます。

第7章

情報関数

1 ふりがなを表示する

PHONETIC（フォネティック）

PHONETIC関数を使うと、指定したセルのふりがなを表示できます。

● PHONETIC関数

= PHONETIC（参照）

     ❶

---

❶参照
ふりがなを取り出すセルまたはセル範囲を指定します。引数に直接文字列を入力することはできません。

※対象文字列のふりがなを全角カタカナで表示します。ふりがなの種類を変更する方法は、P.164を参照してください。

※セル範囲を指定した場合、範囲内の文字列のふりがなをすべて結合して表示します。

例1)
セル【A1】に「富士　太郎」と入力されている場合
=PHONETIC（A1）→ フジ　タロウ

例2)
セル【A1】に「富士」、セル【A2】に「太郎」と入力されている場合
=PHONETIC（A1:A2）→ フジタロウ

関数の基礎知識

数学・三角

論理

日付・時刻

統計

検索・行列

情報

財務

文字列操作

データベース

エンジニアリング

索引

使用例

氏名に対応するふりがなを表示します。

D4		: × ✓ fx	=PHONETIC(C4)			

	A	B	C	D	E	F	G
1		**顧客台帳**					
2							
3		**No.**	**氏名**	**フリガナ**	**住所1**	**住所2**	**職業**
4		1001	古谷　俊夫	フルヤ　トシオ	渋谷区	千駄ヶ谷X-X-X	学生
5		1002	奥田　美和	オクダ　ミワ	大田区	大森南X-X-X	会社員
6		1003	栗原　里美	クリハラ　サトミ	杉並区	荻窪X-X-X	学生
7		1004	木田　京子	キダ　キョウコ	中野区	弥生町X-X-X	公務員
8		1005	相田　陽子	アイダ　ヨウコ	中野区	中野X-X-X	自営業
9		1006	佐藤　由美	サトウ　ユミ	杉並区	阿佐ヶ谷北X-X-X	会社員
10		1007	田中　千春	タナカ　チハル	渋谷区	恵比寿X-X-X	公務員
11		1008	大下　澄子	オオシタ　スミコ	中野区	東中野X-X-X	学生
12		1009	栗田　恵子	クリタ　ケイコ	杉並区	久我山X-X-X	会社員
13		1010	石井　研一	イシイ　ケンイチ	渋谷区	笹塚X-X-X	会社員
14		1011	佐藤　あかり	サトウ　アカリ	墨田区	東向島X-X-X	学生
15		1012	宇野　肇	ウノ　ハジメ	台東区	浅草X-X-X	会社員
16		1013	風間　一平	カザマ　イッペイ	墨田区	京島X-X-X	学生
17		1014	中山　美登理	ナカヤマ　ミドリ	渋谷区	宇田川町X-X-X	自営業
18		1015	原田　光喜	ハラダ　コウキ	台東区	東上野X-X-X	会社員
19		1016	渡部　沙保里	ワタベ　サオリ	江戸川区	平井X-X-X	学生
20		1017	富永　恵	トミナガ　メグミ	港区	海岸X-X-X	公務員
21							

● セル【D4】に入力されている数式

= PHONETIC(C4)
❶

❶ ふりがなを取り出す氏名のセル【C4】を指定する。

POINT ふりがなの種類の変更

PHONETIC関数を使うと、ふりがなは初期の状態で全角カタカナで表示されます。ふりがなをひらがなや半角カタカナにしたいときは、《ふりがなの設定》ダイアログボックスを使います。
ふりがなの種類を変更する方法は、次のとおりです。

◆PHONETIC関数で指定しているセル範囲を選択→《ホーム》タブ→《フォント》グループの [ア亜▾] (ふりがなの表示/非表示) の ▾ →《ふりがなの設定》→《ふりがな》タブ

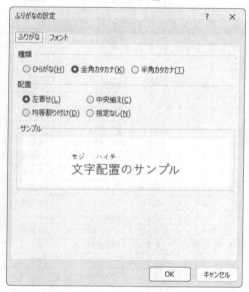

POINT ふりがなの修正

PHONETIC関数で表示されるふりがなは、セルに入力した際の文字列（読み）になります。
例えば、「佳子」を「けいこ」と入力した場合、ふりがなは「ケイコ」と表示されます。表示されたふりがなが実際の読みと異なる場合は、入力したふりがなを修正します。
ふりがなを修正する方法は、次のとおりです。

◆PHONETIC関数で指定しているセルを選択→《ホーム》タブ→《フォント》グループの [ア亜▾] (ふりがなの表示/非表示) の ▾ →《ふりがなの編集》

関数の基礎知識

数学・三角

論理

日付・時刻

統計

検索・行列

情報

財務

文字列操作

データベース

エンジニアリング

索引

2 セルがエラーの場合にメッセージを表示する

IF（イフ）
ISERROR（イズエラー）

IF関数とISERROR関数を組み合わせて使うと、計算結果がエラーの場合に、エラー値の代わりに指定した文字列を表示することができます。

●IF関数
指定した条件を満たしている場合と満たしていない場合の結果を表示できます。この関数は「論理関数」に分類されています。

$$=IF(論理式, 値が真の場合, 値が偽の場合)$$

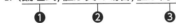
❶ ❷ ❸

❶論理式
判断の基準となる数式を指定します。

❷値が真の場合
❶の結果が真の場合の処理を数値または数式、文字列で指定します。

❸値が偽の場合
❶の結果が偽の場合の処理を数値または数式、文字列で指定します。
※❷❸を文字列で指定する場合は「"（ダブルクォーテーション）」で囲みます。

●ISERROR関数
指定したセルに入力されている対象がエラーかどうかを調べます。対象がエラーの場合は「TRUE」を返し、エラーでない場合は「FALSE」を返します。

$$=ISERROR(テストの対象)$$

❶

❶テストの対象
エラーかどうかを調べるデータを指定します。
※エラーには「#N/A」、「#VALUE!」、「#NAME?」、「#REF!」、「#NUM!」、「#DIV/0!」、「#NULL!」、「#スピル!」の8種類があり、すべてのエラーが対象になります。
※お使いの環境によっては、「#スピル!」は「#SPILL!」と表示される場合があります。

合計の欄に、商品名がエラーの場合は**「商品No.確認」**と表示し、エラーでない
場合は単価×数量の計算結果を表示します。

G4		▼ :	× √ fx	=IF(ISERROR(D4),"商品No.確認",E4*F4)						
A	B	C	D	E	F	G	H	I	J	K
1	商品売上一覧									
2						単位：円		●商品一覧		
3	日付	商品No.	商品名	単価	数量	合計		商品No.	商品名	単価
4	7月3日	C130	キリマンジャロ	1,300	30	39,000		C100	モカコーヒー	1,200
5	7月6日	T120	アップルティー	1,500	35	52,500		C110	ブレンドコーヒー	1,000
6	7月8日	C120	炭焼コーヒー	1,500	40	60,000		C120	炭焼コーヒー	1,500
7	7月9日	T130	ハーブティー	1,200	10	12,000		C130	キリマンジャロ	1,300
8	7月13日	T110	ダージリンティー	1,000	20	20,000		T100	アッサムティー	1,200
9	7月13日	C110	ブレンドコーヒー	1,000	25	25,000		T110	ダージリンティー	1,000
10	7月14日	C150	#N/A	#N/A	30	商品No.確認		T120	アップルティー	1,500
11	7月16日	T120	アップルティー	1,500	20	30,000		T130	ハーブティー	1,200
12	7月17日	T110	ダージリンティー	1,000	30	30,000				
13										

●セル【G4】に入力されている数式

=IF(ISERROR(D4), "商品No.確認", E4＊F4)
❶　　　　　　　　❷　　　　　　❸

❶ISERROR関数を使って、**「商品名のセル【D4】がエラーである」**という条件を
　入力する。

❷条件を満たしている場合に表示する文字列**「商品No.確認」**を入力する。

❸条件を満たしていない場合に表示する、単価と数量を掛ける数式として
　「E4*F4」を入力する。

関数の
基礎知識

数学・三角

論理

日付・時刻

統計

検索・行列

情報

財務

文字列
操作

データ
ベース

エンジニ
アリング

索引

167

POINT エラーの種類

エラーの種類には、次の8種類があります。

エラー値	意味
#N/A	必要な値が入力されていない
#VALUE!	引数が不適切である
#NAME?	認識できない文字列が使用されている
#REF!	セル参照が無効である
#NUM!	不適切な引数が使用されているか、計算結果が処理できない値である
#DIV/0!	0または空白で除算されている
#NULL!	参照演算子が不適切であるか、指定したセル範囲が存在しない
#スピル!	スピルの範囲に値が入力されているか、結合セルが含まれている

※お使いの環境によっては、「#スピル!」は「#SPILL!」と表示される場合があります。

POINT ISNA関数（イズエヌエー）

指定したセルに入力されている対象が「#N/A」のエラーかどうかを調べます。対象が「#N/A」のエラーの場合は「TRUE」を返し、「#N/A」以外のエラーの場合は「FALSE」を返します。

● ISNA関数

= ISNA(テストの対象)

❶ テストの対象
「#N/A」のエラーかどうかを調べるデータを指定します。

POINT ISERR関数（イズエラー）

指定したセルに入力されている対象が「#N/A」以外のエラーかどうかを調べます。対象が「#N/A」以外のエラーの場合は「TRUE」を返し、「#N/A」のエラーの場合は「FALSE」を返します。

● ISERR関数

= ISERR(テストの対象)

❶ テストの対象
「#N/A」以外のエラーかどうかを調べるデータを指定します。

3 セルが空白の場合にメッセージを表示する

IF関数とISBLANK関数を組み合わせて使うと、セルが空白だった場合に、指定した文字列を表示することができます。

● IF関数

指定した条件を満たしている場合と満たしていない場合の結果を表示できます。この関数は「論理関数」に分類されています。

$$= IF(\underset{\text{\textcircled{1}}}{\text{論理式}}, \underset{\text{\textcircled{2}}}{\text{値が真の場合}}, \underset{\text{\textcircled{3}}}{\text{値が偽の場合}})$$

---

❶論理式
判断の基準となる数式を指定します。

❷値が真の場合
❶の結果が真の場合の処理を数値または数式、文字列で指定します。

❸値が偽の場合
❶の結果が偽の場合の処理を数値または数式、文字列で指定します。
※ ❷❸を文字列で指定する場合は「"(ダブルクォーテーション)」で囲みます。

● ISBLANK関数

指定した対象が空白かどうかを調べます。対象が空白の場合は「TRUE」を返し、空白でない場合は「FALSE」を返します。

$$= ISBLANK(\underset{\text{\textcircled{1}}}{\text{テストの対象}})$$

---

❶テストの対象
空白かどうかを調べるデータを指定します。

使用例

OPEN ≫ 第7章 シート「7-3」

達成率の欄に、**「実績」**が空白の場合は**「実績確定前」**と表示し、空白でない場合は実績÷予算の計算結果を表示します。

E4	▼	:	× ✓ fx	=IF(ISBLANK(D4),"実績確定前",D4/C4)		

	A	B	C	D	E	F	G
1		営業所別販売実績					
2					単位：千円		
3			予算	実績	達成率		
4		北海道営業所	11,500	12,210	106.2%		
5		東北営業所	11,500	10,240	89.0%		
6		北陸営業所	10,000	10,100	101.0%		
7		関東営業所	37,000	34,380	92.9%		
8		東海営業所	27,000	26,654	98.7%		
9		関西営業所	32,000	28,954	90.5%		
10		中国営業所	17,500		実績確定前		
11		四国営業所	11,000	11,060	100.5%		
12		九州営業所	18,500	20,258	109.5%		
13		合計	176,000	153,856	87.4%		
14							

● セル【E4】に入力されている数式

= IF(<u>ISBLANK(D4)</u>, <u>"実績確定前"</u>, <u>D4/C4</u>)
　　　❶　　　　　　❷　　　　❸

❶ ISBLANK関数を使って、**「実績のセル【D4】が空白である」**という条件を入力する。

❷ 条件を満たしている場合に表示する文字列**「実績確定前」**を入力する。

❸ 条件を満たしていない場合に表示する、実績を予算で割る数式として**「D4/C4」**を入力する。

4 セルが数値の場合に計算する

> **関数**
> IF（イフ）
> ISNUMBER（イズナンバー）

IF関数とISNUMBER関数を組み合わせて使うと、数値が入力されているときには計算し、そうでなければ、もとのデータをそのまま表示することができます。

● IF関数

指定した条件を満たしている場合と満たしていない場合の結果を表示できます。この関数は「論理関数」に分類されています。

$$=IF(\underset{\textbf{①}}{論理式},\underset{\textbf{②}}{値が真の場合},\underset{\textbf{③}}{値が偽の場合})$$

---

① 論理式
判断の基準となる数式を指定します。

② 値が真の場合
①の結果が真の場合の処理を数値または数式、文字列で指定します。

③ 値が偽の場合
①の結果が偽の場合の処理を数値または数式、文字列で指定します。
※②③を文字列で指定する場合は「"（ダブルクォーテーション）」で囲みます。

● ISNUMBER関数

指定したセルに入力されている対象が数値かどうかを調べます。対象が数値の場合は「TRUE」を返し、数値でない場合は「FALSE」を返します。

$$=ISNUMBER(\underset{\textbf{①}}{テストの対象})$$

---

① テストの対象
数値かどうかを調べるデータを指定します。

使用例 ─────────────── OPEN » 第7章 シート「7-4」

割引後金額の欄に、割引率が数値の場合は割引計算の結果を表示し、「**対象外**」の場合は割引前金額をそのまま表示します。

	F17	▼ : × ✓ fx	=IF(ISNUMBER(F16),F15-(F15*F16),F15)			
	A B	C	D	E	F	G
1				発行日：	2023/7/3	
2		納品書				
3						
4	**高田　真理子　様**		株式会社フレグランスF			
5			〒212-0014 神奈川県川崎市幸区XXXXX			
6			電話番号：044-778-XXXX			
7	下記の通り納品申し上げます。		登録番号：T1234567890123			
8	●ご注文商品					
9	No.	商品名	単価	数量	小計	
10	1	アロマディフューザーセット	3,500	1	3,500	
11	2	アロマオイル（レモングラス）	1,000	2	2,000	
12	3	アロマオイル（ラベンダー）	1,000	1	1,000	
13						
14						
15			割引前金額		6,500	
16	お買い上げ金額10,000円（税抜）以上で		割引率		対象外	
17	20%OFFいたします。		割引後金額		6,500	
18			消費税	10%	650	
19	●振込先		合計		7,150	
20	XXX銀行XX支店　普通XXXXXXXX					

●セル【F17】に入力されている数式

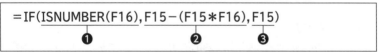

=IF(ISNUMBER(F16),F15-(F15*F16),F15)
　　❶　　　　　　❷　　　　　❸

❶ISNUMBER関数を使って、「**割引率のセル【F16】が数値である**」という条件を入力する。

❷条件を満たしている場合に表示する、割引前金額から割引率に応じた金額を引く数式として「**F15-(F15*F16)**」を入力する。

❸条件を満たしていない場合に表示する、割引前金額のセル【F15】を指定する。

※セル【F16】には、割引前金額が10,000円以上であれば0.2（20%）、そうでなければ「対象外」と表示する数式が入力されています。

5 1行おきに連番を振る

関数

> IF（イフ）
> ISEVEN（イズイーブン）
> ROW（ロウ）

ISEVEN関数にROW関数を組み合わせると、行番号をもとにした数値が偶数であるかどうかを判定できます。この判定にIF関数を組み合わせると、偶数の場合の処理と偶数でない場合の処理を行うことができます。

●IF関数

指定した条件を満たしている場合と満たしていない場合の結果を表示できます。この関数は「論理関数」に分類されています。

$$=IF(\underline{論理式}, \underline{値が真の場合}, \underline{値が偽の場合})$$

❶論理式
判断の基準となる数式を指定します。

❷値が真の場合
❶の結果が真の場合の処理を数値または数式、文字列で指定します。

❸値が偽の場合
❶の結果が偽の場合の処理を数値または数式、文字列で指定します。
※❷❸を文字列で指定する場合は「"（ダブルクォーテーション）」で囲みます。

●ISEVEN関数

データが偶数か奇数かを調べます。偶数の場合は「TRUE」、奇数の場合は「FALSE」を返します。

$$=ISEVEN(\underline{数値})$$

❶数値
偶数か奇数かを判定する数値や数式またはセルを指定します。
※データが整数でない場合は、小数点以下が切り捨てられます。

関数の
基礎知識

数学・三角

論理

日付・時刻

統計

検索・行列

情報

財務

文字列
操作

データ
ベース

エンジニ
アリング

索引

●ROW関数

指定したセルの行番号を求めます。この関数は「検索/行列関数」に分類されています。

$$= ROW(\underset{\text{①}}{参照})$$

①参照
行番号を求めるセルまたはセル範囲を指定します。
※省略できます。省略するとROW関数が入力されているセルの行番号が求められます。
※セル範囲を指定した場合は、指定した範囲の先頭行の行番号が求められます。

POINT ISEVEN関数とROW関数の組み合わせ

ROW関数を使って、基準値が入力されているセルと関数が入力されているセルとの行番号の差を求め、この差が偶数か奇数かをISEVEN関数で判定します。

$$=IF(\underset{\text{①論理式}}{ISEVEN(ROW()-ROW(基準値が入力されているセル))},$$

$$\underset{\text{②}}{基準値+(ROW()-ROW(基準値が入力されているセル))/2}, \underset{\text{③}}{""})$$

①IF関数の論理式に、ISEVEN関数とROW関数の組み合わせを指定します。ISEVEN関数は数式が入力されている行番号と基準値が入力されているセルの行番号との差が偶数か奇数かを判定します。

②条件を満たしている場合は、基準値に①で求めているものと同じ行番号の差を「2」で割った値を足して表示します。「2」で割るのは、1行おきに連番を付けるので、2行ごとに1ずつ基準値に番号を足す必要があるためです。

③条件を満たしていない場合は、何も表示しないようにします。

POINT 関数を利用して連番を振る

セルに連番を振るには、通常、オートフィルを使います。1行おきに連番を振りたい場合は、任意の位置に基準値を入力し、上下いずれかのセルと一緒に選択（セル2つで1組）し、フィルハンドルをドラッグします。ただし、オートフィルで入力した連番は、途中の行を削除しても連番は振り直されませんが、関数の場合は、2行1組で削除すると、連番を自動的に振り直して表示することができます。

「No.」に1行おきに連番を表示します。

	B4	▼ : × ✓ ƒx	=IF(ISEVEN(ROW()-ROW($B$3)),$B$3+(ROW()-ROW($B$3))/2,"")						

▲	A	B	C	D	E	F	G	H	I	J
1		**売上明細**				単位：円				
2		**No.**	**商品名**	**単価**	**数量**	**合計**	**担当**			
3		1	イタリアワイン	8,600	20	172,000	岡田			
4										
5		2	シャンパン	13,800	80	1,104,000	吉野			
6										
7		3	ダージリン	2,800	180	504,000	岡田			
8										
9		4	ハワイコナコーヒー	1,800	150	270,000	榊原			
10										
11		5	ロイヤルティー	3,200	50	160,000	片岡			
12										
13		6	フランスワイン	3,200	15	48,000	吉野			
14										
15		7	アールグレイ	3,500	12	42,000	片岡			
16										

●**セル【B4】に入力されている数式**

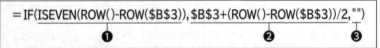

$$= IF(\underline{ISEVEN(ROW()-ROW(\$B\$3))}, \underline{\$B\$3+(ROW()-ROW(\$B\$3))/2}, \underline{""})$$

❶ ❷ ❸

❶IF関数の論理式に、「ROW関数を使って、数式が入力されているセルと基準値が入力されているセル【B3】との差を求めて、ISEVEN関数を使って偶数か奇数かを判定する」という条件を入力する。

※数式をコピーするために絶対参照で指定します。

❷条件を満たしている場合に、連番を表示するために「セル【B3】の基準値に、❶の判定に利用した行番号の差を「2」で割った値を足して表示する」数式を入力する。

※セルが下に2行移動するたびに番号が「1」ずつ大きくなります。
※数式をコピーするため、絶対参照で指定します。

❸条件を満たしていない場合は何も表示しないため「""」を入力する。

第8章

8

財務関数

FV（フューチャーバリュー）

FV関数を使うと、指定された利率と期間で預金した場合の満期後の受取金額を求めることができます。

● **FV関数**

= FV(利率, 期間, 定期支払額, 現在価値, 支払期日)

❶ ❷ ❸ ❹ ❺

---

❶**利率**
固定利率を数値またはセルで指定します。

❷**期間**
預入回数を数値またはセルで指定します。
※❶と❷は、❸と時間の単位を一致させます。

❸**定期支払額**
定期的な預入金額を数値またはセルで指定します。

❹**現在価値**
最初に預け入れる頭金を数値またはセルで指定します。
※省略できます。省略すると「0」を指定したことになります。

❺**支払期日**
預け入れる期日を指定します。支払いが期末の場合は「0」、期首の場合は「1」を指定します。
※省略できます。省略すると「0」を指定したことになります。

POINT 財務関数の符号

財務関数では、支払い（手元から出る金額）は「−（マイナス）」、受取や回収（手元に入る金額）は「＋（プラス）」で指定します。関数の計算結果も同様です。計算結果を「−（マイナス）」表示にしたくない場合は、数式に「−（マイナス）」を掛けて符号を反転させます。

毎月の預入額に応じた、積立期間ごとの満期後の受取額を求めます。

	A	B	C	D	E	F	G
	C8		=FV($C$2/12,C$7,$B8,$C$3,$C$4)				
1		海外旅行積立プラン					
2		年　利	1.5%				
3		頭　金	¥-5,000				
4		支払日	0	※月初は「1」、月末は「0」を入力			
5							
6		受取額一覧					
7		積立期間／毎月の預入額	6か月	12か月	18か月	24か月	
8		¥-5,000	¥35,132	¥65,490	¥96,076	¥126,893	
9		¥-8,000	¥53,188	¥101,738	¥150,654	¥199,938	
10		¥-10,000	¥65,225	¥125,904	¥187,039	¥248,634	
11							

●セル【C8】に入力されている数式

$$=FV(\$C\$2/12, C\$7, \$B8, \$C\$3, \$C\$4)$$
　　　❶　　　❷　　❸　　❹　　❺

❶年利のセル【C2】を指定し、月利に換算するため「12」で割る。
※数式をコピーするため、絶対参照で指定します。

❷積立期間のセル【C7】を指定する。
※積立期間のセル範囲【C7:F7】には、表示形式「0"か月"」が設定されています。
※数式をコピーするため、行だけを固定する複合参照で指定します。

❸毎月の預入額のセル【B8】を指定する。
※数式をコピーするため、列だけを固定する複合参照で指定します。

❹最初に預け入れる頭金のセル【C3】を指定する。
※数式をコピーするため、絶対参照で指定します。

❺支払日のセル【C4】を指定する。
※数式をコピーするため、絶対参照で指定します。

関数
PV（プレゼントバリュー）

PV関数を使うと、将来にわたって定期的に支払い続けるローンの借入可能金額（現時点で一括払いした場合の金額）を求めることができます。ただし、利率や支払金額は、支払い終了まで一定であることが前提です。

● PV関数

＝PV（利率, 期間, 定期支払額, 将来価値, 支払期日）

---

❶利率
固定利率を数値またはセルで指定します。

❷期間
支払回数を数値またはセルで指定します。
※❶と❷は、❸と時間の単位を一致させます。

❸定期支払額
定期的な支払金額を数値またはセルで指定します。

❹将来価値
支払い終了後の金額を数値またはセルで指定します。
※省略できます。省略すると「0」を指定したことになります。

❺支払期日
支払いが期末の場合は「0」、期首の場合は「1」を指定します。
※省略できます。省略すると「0」を指定したことになります。

使用例 ──────────────────────── OPEN » 第8章 シート「8-2」

月々の返済金額と返済期間に応じた借入可能金額を求めます。

C6		:	× ✓	fx	=PV($C$5/12,C4*12,-C3,0,0)	
	A	B	C	D	E	F
1		借入金試算				
2						
3		返済金額（月額）	30,000	50,000	80,000	
4		返済期間（年）	12	7	5	
5		年利		2.50%		
6		借入可能金額	¥3,728,888	¥3,849,364	¥4,507,712	
7						

● セル【C6】に入力されている数式

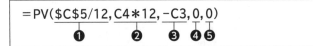

$$=PV(\$C\$5/12, C4*12, -C3, 0, 0)$$
　　❶　　　❷　　❸　❹❺

❶ 年利のセル【C5】を指定し、月利に換算するため「12」で割る。

※数式をコピーするため、絶対参照で指定します。

❷ 返済期間のセル【C4】を指定し、月数に換算するため「12」を掛ける。

❸ 月額返済額のセル【C3】を指定し、支払う金額のため「−（マイナス）」を付けて指定する。

❹ 将来価値は、完済後の金額のため「0」を入力する。

❺ 支払期日は、月末払いとして「0」を入力する。

PV関数には次のような使い方があります。求める値に応じて引数の意味を使い分けます。

現在価値（求める値）	定期支払額	将来価値
借入可能金額	定期返済額 「−（マイナス）」の値で指定	借入金の完済額 「0」または省略
積立の頭金 ※例1	定期積立額 「−（マイナス）」の値で指定	目標積立金額 「＋（プラス）」の値で指定
投資金額 ※例2	定期配当金 「＋（プラス）」の値で指定	配当の受取終了後の金額 「0」または省略

例1）
年利1%、毎月2万円ずつ積み立てて、3年間で100万円を貯蓄するための頭金を求める場合

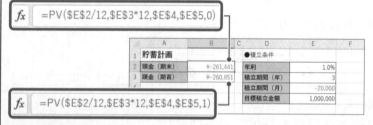

fx `=PV($E$2/12,$E$3*12,$E$4,$E$5,0)`

	A	B		C	D	E	F
1	貯蓄計画				●積立条件		
2	頭金（期末）	¥-261,441			年利	1.0%	
3	頭金（期首）	¥-260,851			積立期間（年）	3	
					積立期間（月）	-20,000	
					目標積立金額	1,000,000	

fx `=PV($E$2/12,$E$3*12,$E$4,$E$5,1)`

※期首の場合は、期末の場合より1か月分早く金利が発生するため、頭金が少なくなります。

例2）
将来、年1回配当金を受け取る年金保険を、仮に、現時点で一括して受け取る場合

B8 `=-PV(B7,B5,B6,0,0)`

	A	B	C	D	E
1	年金保険比較				
2	商品名	人生・わっはっは	エンジョイライフ	ながいきプラン	
3	取扱保険会社	FOM保険	ミクリ保険	エフ・プロ保険	
4	支払金額	6,000,000	5,000,000	1,300,000	
5	受取期間（年）	15	10	4	
6	配当（年1回）	750,000	600,000	350,000	
7	予定利率	5.00%	1.50%	1.00%	
8	現在価値	¥7,784,744	¥5,533,311	¥1,365,688	

※最終的に手元に入る金額でもいったん年金保険として支払うため、現在価値は「−（マイナス）」になります。そこで、現在価値を「＋（プラス）」で表示するため、数式に「−（マイナス）」を付けます。

※現時点で一括して受け取ると仮定すると、「人生・わっはっは」が約778万円相当になり、実際の支払金額と比べて一番多く受け取れるため、この年金保険は加入する価値があると判断できます。

関数の基礎知識

数学/三角

論理

日付/時刻

統計

検索/行列

情報

財務

文字列操作

データベース

エンジニアリング

索引

3 一定期間のローンの返済額を求める

関数 PMT（ペイメント）

PMT関数を使うと、指定した利率と期間で定期的な貯蓄や支払いをする場合の、1回当たりの積立金額や返済金額を求めることができます。受取分は「+（プラス）」、支払分は「−（マイナス）」で表示されます。

● PMT関数

= PMT（利率, 期間, 現在価値, 将来価値, 支払期日）

      ❶   ❷   ❸   ❹   ❺

---

❶利率
固定利率の数値またはセルを指定します。

❷期間
預入回数または支払回数を数値またはセルで指定します。
※❶と❷は時間の単位を一致させます。

❸現在価値
貯蓄の場合は頭金、ローンの場合は借入金を数値またはセルで指定します。

❹将来価値
貯蓄の場合は最終的な目標金額、ローンの場合は支払いが終わったあとの残高の数値またはセルを指定します。
※省略できます。省略すると「0」を指定したことになります。

❺支払期日
支払いが期末の場合は「0」、期首の場合は「1」を指定します。
※省略できます。省略すると「0」を指定したことになります。

貸付額に応じた、返済期間ごとの返済額を求めます。

| C7 | ▼ : × ✓ fx | =PMT($C$2/12,$B7,C$6,0,$C$3) |

	A	B	C	D	E	F	G
1		海外留学費貸付プラン					
2		年 利	3.1%				
3		支払日	0	※月初は「1」、月末は「0」を入力			
4							
5		返済額一覧					
6		返済期間 ＼ 貸付額	¥150,000	¥300,000	¥500,000	¥750,000	
7		6か月	¥-25,227	¥-50,453	¥-84,088	¥-126,133	
8		12か月	¥-12,711	¥-25,422	¥-42,370	¥-63,554	
9		18か月	¥-8,539	¥-17,079	¥-28,464	¥-42,697	
10		24か月	¥-6,454	¥-12,908	¥-21,513	¥-32,269	
11							

●セル【C7】に入力されている数式

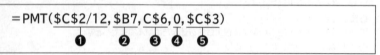

$$=PMT(\underset{❶}{\$C\$2/12}, \underset{❷}{\$B7}, \underset{❸}{C\$6}, \underset{❹}{0}, \underset{❺}{\$C\$3})$$

❶年利のセル【C2】を指定し、月利に換算するため「12」で割る。

※数式をコピーするため、絶対参照で指定します。

❷返済期間のセル【B7】を指定する。

※返済期間のセル範囲【B7:B10】には、表示形式「0"か月"」が設定されています。
※数式をコピーするため、列だけを固定する複合参照で指定します。

❸貸付額のセル【C6】を指定する。

※数式をコピーするため、行だけを固定する複合参照で指定します。

❹将来価値は、完済すると仮定し「0」を入力する。

❺支払日のセル【C3】を指定する。

※数式をコピーするため、絶対参照で指定します。

4 ローン返済表を作成する

関数 PPMT（プリンシパルペイメント）
IPMT（インタレストペイメント）

住宅ローンなどのローン返済金の内訳は、元金と利息から構成されています。PPMT関数とIPMT関数を使うと、一定額の返済（元利均等返済）におけるローンの元金と利息の内訳を求めることができます。計算結果を「−（マイナス）」表示にしたくない場合は、数式に「−（マイナス）」を掛けて符号を反転させます。

※元利均等返済についてはP.187を参照してください。

● PPMT関数

返済額における元金の内訳を求めます。

＝PPMT(利率, 期, 期間, 現在価値, 将来価値, 支払期日)

❶　❷　❸　❹　❺　❻

❶利率
固定利率を数値またはセルで指定します。

❷期
支払いの開始期から終了期までの期間の中から、元金の内訳を求める期を数値またはセルで指定します。

❸期間
支払回数を数値またはセルで指定します。
※❶と❸は、❷と時間の単位を一致させます。

❹現在価値
借入金額を数値またはセルで指定します。

❺将来価値
支払い終了後の金額を数値またはセルで指定します。
※省略できます。省略すると「0」を指定したことになります。

❻支払期日
支払いが期末の場合は「0」、期首の場合は「1」を指定します。
※省略できます。省略すると「0」を指定したことになります。

● IPMT関数

返済額における利息の内訳を求めます。

$$=IPMT(利率, 期, 期間, 現在価値, 将来価値, 支払期日)$$

❶ 利率 **❷** 期 **❸** 期間 **❹** 現在価値 **❺** 将来価値 **❻** 支払期日

❶利率
固定利率を数値またはセルで指定します。

❷期
支払いの開始期から終了期までの期間の中から、利息の内訳を求める期を数値またはセルで指定します。

❸期間
支払回数を数値またはセルで指定します。
※ ❶と❸は、❷と時間の単位を一致させます。

❹現在価値
借入金額を数値またはセルで指定します。

❺将来価値
支払い終了後の金額を数値またはセルで指定します。
※省略できます。省略すると「0」を指定したことになります。

❻支払期日
支払いが期末の場合は「0」、期首の場合は「1」を指定します。
※省略できます。省略すると「0」を指定したことになります。

使用例 OPEN ≫ 第8章 シート「8-4」

返済回数に応じた、返済金額の元金と利息の内訳を求めます。

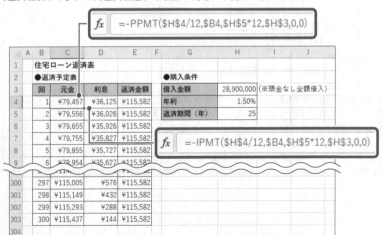

fx　=-PPMT($H$4/12,$B4,$H$5*12,$H$3,0,0)

	A	B	C	D	E	F	G	H	I	J
1		住宅ローン返済表								
2		●返済予定表					●購入条件			
3		回	元金	利息	返済金額		借入金額	28,900,000	(※頭金なし全額借入)	
4		1	¥79,457	¥36,125	¥115,582		年利	1.50%		
5		2	¥79,556	¥36,026	¥115,582		返済期間（年）	25		
6		3	¥79,655	¥35,926	¥115,582					
7		4	¥79,755	¥35,827	¥115,582					
8		5	¥79,855	¥35,727	¥115,582					
9		6	¥79,954	¥35,627	¥115,582					
300		297	¥115,005	¥576	¥115,582					
301		298	¥115,149	¥432	¥115,582					
302		299	¥115,293	¥288	¥115,582					
303		300	¥115,437	¥144	¥115,582					
304										

fx　=-IPMT($H$4/12,$B4,$H$5*12,$H$3,0,0)

関数の基礎知識

数学／三角

論理

日付／時刻

統計

検索／行列

情報

財務

文字列／操作

データベース

エンジニアリング

索引

●セル【C4】に入力されている数式

$$= -PPMT(\$H\$4/12, \$B4, \$H\$5*12, \$H\$3, 0, 0)$$

❶ 支払金額を「+（プラス）」で表示させるため「−（マイナス）」を入力する。

❷ 年利のセル【H4】を指定し、月利に換算するため「12」で割る。

※数式をコピーするため、絶対参照で指定します。

❸ 回（支払い期）のセル【B4】を指定する。

※数式をコピーするため、列だけを固定する複合参照で指定します。

❹ 返済期間のセル【H5】を指定し、月数に換算するため「12」を掛ける。

※数式をコピーするため、絶対参照で指定します。

❺ 借入金額のセル【H3】を指定する。

※数式をコピーするため、絶対参照で指定します。

❻ 将来価値は、完済後の金額のため「0」を入力する。

❼ 支払期日は、月末払いとして「0」を入力する。

●セル【D4】に入力されている数式

$$= -IPMT(\$H\$4/12, \$B4, \$H\$5*12, \$H\$3, 0, 0)$$

❶ 支払金額を「+（プラス）」で表示させるため「−（マイナス）」を入力する。

❷ 年利のセル【H4】を指定し、月利に換算するため「12」で割る。

※数式をコピーするため、絶対参照で指定します。

❸ 回（支払い期）のセル【B4】を指定する。

※数式をコピーするため、列だけを固定する複合参照で指定します。

❹ 返済期間のセル【H5】を指定し、月数に換算するため「12」を掛ける。

※数式をコピーするため、絶対参照で指定します。

❺ 借入金額のセル【H3】を指定する。

※数式をコピーするため、絶対参照で指定します。

❻ 将来価値は、完済後の金額のため「0」を入力する。

❼ 支払期日は、月末払いとして「0」を入力する。

PPMT関数とIPMT関数の引数の意味

PPMT関数とIPMT関数は求める値に応じて引数の意味を使い分けます。ただし、いずれの場合もPPMT関数とIPMT関数の元金と利息の関係は変化しません。

支払金額（求める値）	現在価値	将来価値
指定期の借入の返済金額の元金と利息	借入金額「＋（プラス）」の値で指定	借入金の完済額「0」または省略
指定期の貸付、または投資の回収金額の元金と利息 ※例1	貸付金額「－（マイナス）」の値で指定	回収終了後の金額「0」または省略
指定期の貯蓄の元金と利息 ※例2	頭金「－（マイナス）」の値で指定 頭金がない場合は「0」を指定	貯蓄目標金額「＋（プラス）」の値で指定

例1）
10万円を年利5%で貸し付け、5回で回収する場合

fx =PPMT($G$4/12,$A4,$G$5,-$G$3,0,0)

	A	B	C	D	E	F	G	H
1	貸付金の回収							
2	●回収予定					●貸付条件		
3	回	元金回収	利息	回収金額		貸付金	100,000	
4	1	¥19,834	¥417	¥20,251		年利	5%	
5	2	¥19,917	¥334	¥20,251		回数（月）	5	
6	3	¥20,000	¥251	¥20,251				
7	4	¥20,083	¥168	¥20,251				
8	5	¥20,167	¥84	¥20,251				
9	計	¥100,000	¥1,253	¥101,253				
10								

fx =IPMT($G$4/12,$A4,$G$5,-$G$3,0,0)

※回収後の金額は、元金と利息を合計した101,253円となります。

関数の基礎知識

数学/三角

論理

日付・時刻

統計

検索・行列

情報

財務

文字列操作

データベース

エンジニアリング

索引

例2)
頭金2万円をもとに年利1.5%、3か月で10万円を貯蓄する場合

fx =-PPMT(\$G\$3/12,\$A5,\$G\$4,-\$D\$4,\$G\$5,0)

	A	B	C	D	E	F	G	H
1	**貯蓄予定表**							
2	●貯蓄予定					●貯蓄金額		
3	**回**	**元金**	**利息**	**貯蓄額**		**年利**	1.5%	
4	頭金	¥20,000		¥20,000		**回数（月）**	3	
5	1	¥26,633	¥25	¥26,658		**目標金額**	100,000	
6	2	¥26,667	¥58	¥26,725				
7	3	¥26,700	¥92	¥26,792				
8	**計**	¥100,000	¥175	¥100,175				
9								

fx =IPMT(\$G\$3/12,\$A5,\$G\$4,-\$D\$4,\$G\$5,0)

※貯蓄のために支払うため、元金は「-（マイナス）」になります。PPMT関数の計算結果を「+（プラス）」で表示するために、PPMT関数の先頭に「-（マイナス）」を入力しておきます。

POINT 元利均等返済

元利均等返済とは、返済金額を一定にする支払方法で、「定期返済額＝元金＋利息」で表されます。

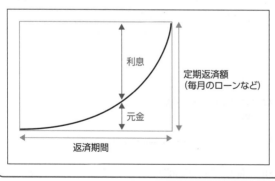

ローンの返済期間や目標金額を貯蓄するまでの期間を求めるNPER関数に
ROUNDUP関数を組み合わせることで、支払回数を求めることができます。

● ROUNDUP関数

指定した桁数で数値の端数を切り上げます。この関数は「数学/三角関数」に分類されています。

= ROUNDUP(<u>数値</u>, <u>桁数</u>)

❶ 数値
端数を切り上げる数値またはセルを指定します。

❷ 桁数
端数を切り上げた結果の桁数を指定します。
※桁数の指定方法はROUNDDOWN関数と同じです。ROUNDDOWN関数については、P.43
を参照してください。

● NPER関数

返済や貯蓄、投資に必要となる期間を求めます。

= NPER(<u>利率</u>, <u>定期支払額</u>, <u>現在価値</u>, <u>将来価値</u>, <u>支払期日</u>)

❶ 利率
固定利率の数値またはセルを指定します。

❷ 定期支払額
定期的な預入金額や支払金額の数値またはセルを指定します。
※❶と❷は、時間の単位を一致させます。

❸ 現在価値
貯蓄の場合は頭金、ローンの場合は借入金の数値またはセルを指定します。

❹ 将来価値
貯蓄の場合は最終的な目標金額、ローンの場合は支払いが終わったあとの残高の数値または
セルを指定します。
※省略できます。省略すると「0」を指定したことになります。

❺ 支払期日
支払いが期末の場合は「0」、期首の場合は「1」を指定します。
※省略できます。省略すると「0」を指定したことになります。

使用例 ──────────────── OPEN » 第8章 シート「8-5」

関数の基礎知識

数学・三角

論理

日付・時刻

統計

検索・行列

情報

財務

文字列操作

データベース

エンジニアリング

索引

毎月の返済額に応じた、借入金ごとの返済回数を求めます。

	A	B	C	D	E	F	G	H
C7		fx =ROUNDUP(NPER($C$2/12,C$6,$B7,0,$C$3),0)						
1		海外旅行貸付プラン						
2		年 利	9.5%					
3		支払日	0	※月初は「1」、月末は「0」を入力				
4								
5		金額別返済回数一覧						
6		毎月の返済額 借入金	¥-5,000	¥-10,000	¥-15,000	¥-20,000		
7		¥150,000	35	17	11	8		
8		¥300,000	82	35	22	17		
9		¥500,000	199	64	39	28		
10								

●セル【C7】に入力されている数式

$$= ROUNDUP(NPER(\underset{❶}{\$C\$2/12}, \underset{❷}{C\$6}, \underset{❸}{\$B7}, \underset{❹}{0}, \underset{❺}{\$C\$3}), \underset{❻}{0})$$

❶年利のセル【C2】を指定し、月利に換算するため「12」で割る。

※数式をコピーするため、絶対参照で指定します。

❷毎月の返済額のセル【C6】を指定する。

※数式をコピーするため、行だけを固定する複合参照で指定します。
※セル範囲【C6：F6】は支払う金額のため、「-（マイナス）」を付けて入力されています。

❸借入金のセル【B7】を指定する。

※数式をコピーするため、列だけを固定する複合参照で指定します。

❹将来価値は、完済すると仮定し「0」を入力する。

❺支払日のセル【C3】を指定する。

※数式をコピーするため、絶対参照で指定します。

❻NPER関数で求めた数値の小数点以下を切り上げるため「0」を入力する。

POINT 小数点以下を切り上げて整数表示にする

NPER関数で求められる数値は、小数点以下まで表示されます。貯蓄は目標金額になるまで支払い、ローンは完済するまで支払う必要があるため、支払回数は小数点以下を切り上げて整数で表示します。

小数点以下を切り上げて整数にする場合は、ROUNDUP関数とNPER関数を組み合わせて使います。

RATE関数を使うと、ローンや貯蓄などの定期的な支払いに対する利率を求めることができます。支払い（手元から出る金額）は「-（マイナス）」、受取や回収（手元に入る金額）は「+（プラス）」で指定します。

● **RATE関数**

＝RATE（**期間, 定期支払額, 現在価値, 将来価値, 支払期日, 推定値**）

❶　　　　❷　　　　❸　　　　❹　　　　❺　　　　❻

---

❶期間
ローンや貯蓄を終えるまでの期間を数値またはセルで指定します。
※❶と、この関数で求める利率は、❷と時間の単位を一致させます。

❷定期支払額
定期的な預入金額や支払金額を数値またはセルで指定します。

❸現在価値
貯蓄の場合は頭金、ローンの場合は借入金を数値またはセルで指定します。

❹将来価値
貯蓄の場合は最終的な目標金額、ローンの場合は支払いが終わったあとの残高を数値またはセルで指定します。
※省略できます。省略すると「0」を指定したことになります。

❺支払期日
支払いが期末の場合は「0」、期首の場合は「1」を指定します。
※省略できます。省略すると「0」を指定したことになります。

❻推定値
推定した利率を数値またはセルで指定します。
※省略できます。省略すると「10%」を指定したことになります。

関数の基礎知識

数学・三角

論理

日付・時刻

統計

検索・行列

情報

財務

文字列操作

データベース

エンジニアリング

索引

使用例 ─────────────────────── OPEN ≫ 第8章 シート「8-6」

毎月の返済額に応じた、借入金ごとの利率を求めます。

C7		∨ : × ✓ fx	=RATE($C$2*12,C$6,$B7,0,$C$3)				
	A	B	C	D	E	F	G
1		海外旅行貸付プラン					
2		支払期間	10年				
3		支払日	0	※月初は「1」、月末は「0」を入力			
4							
5		金額別利率一覧					
6		毎月の返済額 / 借入金	¥-9,000	¥-10,000	¥-11,000	¥-12,000	
7		¥800,000	0.524%	0.724%	0.913%	1.093%	
8		¥900,000	0.311%	0.502%	0.681%	0.851%	
9		¥1,000,000	0.129%	0.311%	0.483%	0.646%	
10							

●セル【C7】に入力されている数式

$$=\text{RATE}(\underset{❶}{\$C\$2*12},\underset{❷}{C\$6},\underset{❸}{\$B7},\underset{❹}{0},\underset{❺}{\$C\$3})$$

❶支払期間のセル【C2】を指定し、月数に換算するため「12」を掛ける。

※数式をコピーするため、絶対参照で指定します。

❷毎月の返済額のセル【C6】を指定する。

※セル範囲【C6:F6】は支払う金額のため、「-（マイナス）」を付けて入力されています。
※数式をコピーするため、行だけを固定する複合参照で指定します。

❸借入金のセル【B7】を指定する。

※数式をコピーするため、列だけを固定する複合参照で指定します。

❹将来価値は、完済すると仮定して「0」を入力する。

❺支払日のセル【C3】を指定する。

※数式をコピーするため、絶対参照で指定します。
※この例では、「推定値」には「10%」を指定することとして、省略します。
※利率を求めるセル範囲【C7:F9】は %（パーセントスタイル）を設定し、 ％⁰₀（小数点以下の表示桁数を増やす）を使って小数点以下第3位まで表示しています。

> **POINT** 利率の表示形式
>
> 利率の表示形式に %（パーセントスタイル）を使うと、小数点以下第1位が四捨五入されて表示されます。パーセンテージを詳細に知る必要がある場合は、 ％⁰₀（小数点以下の表示桁数を増やす）を使います。
>
> ※ %（パーセントスタイル）と ％⁰₀（小数点以下の表示桁数を増やす）は、《ホーム》タブ→《数値》グループにあります。

繰上げ返済を試算する

CUMIPMT（キュミュラティブインタレストペイメント）
CUMPRINC（キュミュラティブプリンシパル）

一定額の返済（元利均等返済）における指定した期間の利息の累計と元金の累計を求めるには、CUMIPMT関数とCUMPRINC関数を使います。

例えば、住宅ローンの繰上げ返済時に元金をどの程度用意すれば、どの程度の利息を節約できるかという試算に利用することができます。計算結果を「−（マイナス）」表示にしたくない場合は、数式に「−（マイナス）」を掛けて符号を反転させます。

※元利均等返済についてはP.187を参照してください。

●CUMIPMT関数

指定した期間の貸付に対する利息の累計を求めます。

＝CUMIPMT(<u>利率</u>, <u>期間</u>, <u>現在価値</u>, <u>開始期</u>, <u>終了期</u>, <u>支払期日</u>)
　　　　　❶　　❷　　　❸　　　　❹　　　❺　　　❻

---

❶利率
固定利率を数値またはセルで指定します。

❷期間
支払回数を数値またはセルで指定します。
※❶と❷は、❹❺と時間の単位を一致させます。

❸現在価値
借入金額を数値またはセルで指定します。

❹開始期
支払期間の中で計算する最初の期を数値またはセルで指定します。

❺終了期
支払期間の中で計算する最後の期を数値またはセルで指定します。

❻支払期日
支払いが期末の場合は「0」、期首の場合は「1」を指定します。

関数の基礎知識

数学・三角

論理

日付・時刻

統計

検索・行列

情報

財務

文字列操作

データベース

エンジニアリング

索引

● CUMPRINC関数

指定した期間の貸付に対する元金の累計を求めます。

= CUMPRINC(利率, 期間, 現在価値, 開始期, 終了期, 支払期日)

❶利率
固定利率を数値またはセルで指定します。

❷期間
支払回数を数値またはセルで指定します。
※❶と❷は、❹❺と時間の単位を一致させます。

❸現在価値
借入金額を数値またはセルで指定します。

❹開始期
支払期間の中で計算する最初の期を数値またはセルで指定します。

❺終了期
支払期間の中で計算する最後の期を数値またはセルで指定します。

❻支払期日
支払いが期末の場合は「0」、期首の場合は「1」を指定します。

使用例

OPEN 》 第8章 シート「8-7」

繰上げ返済によって節約できる利息と、用意する元金を求めます。

fx　=-CUMIPMT(\$C\$12/12,\$C\$13*12,\$C\$11,C5,C6,0)

	A	B	C	D	E	F	G	H	I	J
1		繰上げ返済シミュレーション								
2							●返済予定表			
3		繰上げ返済	案1	案2	案3		回	元金	利息	
4			返済2年目	返済5年目	返済10年目		1	¥79,457	¥36,125	
5		繰上げ開始期	13	49	109		2	¥79,556	¥36,026	
6		繰上げ終了期	30	66	126		3	¥79,655	¥35,926	
7		節約できる利息	613,120	545,624	426,161		4	¥79,755	¥35,827	
8		用意する元金	1,467,349	1,534,845	1,654,307		5	¥79,855	¥35,727	
9							6	¥79,954	¥35,627	
10		●購入条件					7	¥80,054	¥35,527	
11		借入金額	28,900,000				8	¥80,154	¥35,427	
12		年利	1.50%				9	¥80,255	¥35,327	
13		返済期間（年）	25				10	¥80,355	¥35,227	
14							11	¥80,455	¥35,126	
15							12	¥80,556	¥35,026	
16										
17										

fx　=-CUMPRINC(\$C\$12/12,\$C\$13*12,\$C\$11,C5,C6,0)

●セル【C7】に入力されている数式

$$= - \text{CUMIPMT}(\underbrace{\$C\$12/12}_{❷}, \underbrace{\$C\$13*12}_{❸}, \underbrace{\$C\$11}_{❹}, \underbrace{C5}_{❺}, \underbrace{C6}_{❻}, \underbrace{0}_{❼})$$

❶利息の累計金額を「+(プラス)」で表示させるため「−(マイナス)」を入力する。
❷年利のセル【C12】を指定し、月利に換算するため「12」で割る。
※数式をコピーするため、絶対参照で指定します。
❸返済期間のセル【C13】を指定し、月数に換算するため「12」を掛ける。
※数式をコピーするため、絶対参照で指定します。
❹借入金額のセル【C11】を指定する。
※数式をコピーするため、絶対参照で指定します。
❺開始期のセル【C5】を指定する。
❻終了期のセル【C6】を指定する。
❼支払期日は、ローン契約時の翌月から支払うものとして「0」を入力する。

●セル【C8】に入力されている数式

$$= - \text{CUMPRINC}(\underbrace{\$C\$12/12}_{❷}, \underbrace{\$C\$13*12}_{❸}, \underbrace{\$C\$11}_{❹}, \underbrace{C5}_{❺}, \underbrace{C6}_{❻}, \underbrace{0}_{❼})$$

❶元金の累計金額を「+(プラス)」で表示させるため「−(マイナス)」を入力する。
❷年利のセル【C12】を指定し、月利に換算するため「12」で割る。
※数式をコピーするため、絶対参照で指定します。
❸返済期間のセル【C13】を指定し、月数に換算するため「12」を掛ける。
※数式をコピーするため、絶対参照で指定します。
❹借入金額のセル【C11】を指定する。
※数式をコピーするため、絶対参照で指定します。
❺開始期のセル【C5】を指定する。
❻終了期のセル【C6】を指定する。
❼支払期日は、ローン契約時の翌月から支払うものとして「0」を入力する。

第 9 章

文字列操作関数

1 数値を漢数字で表示する

NUMBERSTRING（ナンバーストリング）

NUMBERSTRING関数を使うと、数値を漢数字に変換して表示できます。
※NUMBERSTRING関数は、《関数の挿入》ダイアログボックスから入力できません。直接入力します。

● **NUMBERSTRING関数**

= NUMBERSTRING（数値，形式）
       ❶ ❷

---

❶数値
数値またはセルを指定します。

❷形式
漢数字の表示方法を「1」、「2」、「3」のいずれかで指定します。

形式	表示方法	漢数字例（123の場合）
1	位を「十」、「百」、「千」、「万」と表示する	百二十三
2	数字を「壱」、「弐」、「参」のように大字で表示する	壱百弐拾参
3	位を表示せず、数値をそのまま漢数字で表示する	一二三

POINT NUMBERSTRING関数とセルの表示形式

セルの表示形式を変更して、数値を漢数字で表示することもできます。セルの表示形式の変更方法は、次のとおりです。

◆ 数値のセルを選択→《ホーム》タブ→《数値》グループの （表示形式）→《表示形式》タブ→《その他》→《漢数字》または《大字》

セルの表示形式を変更した場合は、数値データのままなので、計算に利用することができます。これに対し、NUMBERSTRING関数を使うと、文字列に変換されるため、計算に利用することはできません。

使用例

OPEN » 第9章 シート「9-1」

合計金額を大字の漢数字に変換して、ご請求金額として表示します。

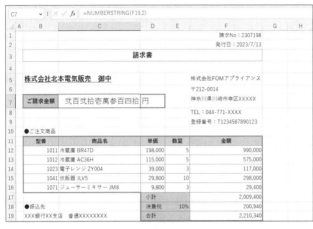

● セル【C7】に入力されている数式

$$= NUMBERSTRING(\underset{❶}{F19}, \underset{❷}{2})$$

❶ 合計のセル【F19】を指定する。
❷ 大字で表示するため「2」を指定する。

POINT TEXT関数（テキスト）

数値に日付、時間表示や単位など、様々な表示形式を設定して文字列に変換できます。

● TEXT関数

$$= TEXT(\underset{❶}{値}, \underset{❷}{表示形式})$$

❶ 値
文字列に変換する数値またはセルを指定します。

❷ 表示形式
表示形式を指定します。
※表示形式は「"（ダブルクォーテーション）」で囲みます。

関数の
基礎知識

数学・三角

論理

日付・時刻

統計

検索・行列

情報

財務

文字列
操作

データ
ベース

エンジニ
アリング

索引

2 英字の文字列の先頭を大文字にする

関数
PROPER（プロパー）

PROPER関数を使うと、指定した英字の文字列の先頭を大文字に、2文字目以降を小文字に変換できます。

● PROPER関数

＝PROPER（**文字列**）
❶

---

❶文字列
文字列またはセルを指定します。
※文字列で指定する場合は「"（ダブルクォーテーション）」で囲みます。
※全角や半角の区別なく英字の1文字目を大文字、2文字目以降を小文字に変換します。
※指定した範囲に複数の文字列が含まれている場合、文字列間に1つ以上の空白が空いていると、各文字列の先頭文字が大文字になります。

例）
セル【A1】に「microsoft EXCEL」と入力されている場合
＝PROPER（A1） → Microsoft Excel

使用例　　　　　　　　　　　　　　　　　　　　　　　OPEN ≫ 第9章 シート「9-2」

「ローマ字表記」の姓名の先頭文字を大文字に、2文字目以降を小文字に変換して表示します。

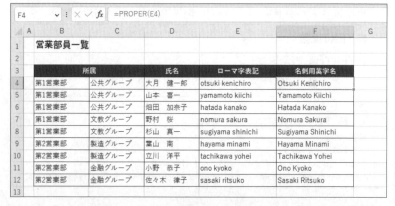

F4		✓ : × ✓ fx	=PROPER(E4)			
▲	A	B	C	D	E	F	G
1	営業部員一覧						
2							
3		所属		氏名	ローマ字表記	名刺用英字名	
4	第1営業部	公共グループ	大月 健一郎	otsuki kenichiro	Otsuki Kenichiro	
5	第1営業部	公共グループ	山本 喜一	yamamoto kiichi	Yamamoto Kiichi	
6	第1営業部	公共グループ	畑田 加奈子	hatada kanako	Hatada Kanako	
7	第1営業部	文教グループ	野村 桜	nomura sakura	Nomura Sakura	
8	第1営業部	文教グループ	杉山 真一	sugiyama shinichi	Sugiyama Shinichi	
9	第2営業部	製造グループ	葉山 南	hayama minami	Hayama Minami	
10	第2営業部	製造グループ	立川 洋平	tachikawa yohei	Tachikawa Yohei	
11	第2営業部	金融グループ	小野 恭子	ono kyoko	Ono Kyoko	
12	第2営業部	金融グループ	佐々木 律子	sasaki ritsuko	Sasaki Ritsuko	
13							

関数の
基礎知識

数学/三角

論理

日付/時刻

統計

検索/行列

情報

財務

文字列
操作

データ
ベース

エンジニ
アリング

索引

● セル【F4】に入力されている数式

```
= PROPER(E4)
         ❶
```

❶ 変換する文字列のセル【E4】を指定する。

POINT　UPPER関数（アッパー）

指定した英字の文字列すべてを大文字に変換できます。漢字やひらがななど、英字以外の文字列は変換されません。

● UPPER関数

```
= UPPER(文字列)
         ❶
```

❶ 文字列
文字列またはセルを指定します。
※文字列で指定する場合は「"（ダブルクォーテーション）」で囲みます。

例）
セル【A1】に「microsoft excel」と入力されている場合
=UPPER(A1) → MICROSOFT EXCEL

POINT　LOWER関数（ロウワー）

指定した英字の文字列すべてを小文字に変換できます。漢字やひらがななど、英字以外の文字列は変換されません。

● LOWER関数

```
= LOWER(文字列)
         ❶
```

❶ 文字列
文字列またはセルを指定します。
※文字列で指定する場合は「"（ダブルクォーテーション）」で囲みます。

199

3 ふりがなを半角カタカナで表示する

ASC（アスキー）
PHONETIC（フォネティック）

氏名や商品のふりがなを取り出し、さらに半角にして表示する必要がある場合、対象文字列のふりがなを全角文字列で取り出すPHONETIC関数と、全角文字列を半角文字列に変換するASC関数を組み合わせて使います。

●ASC関数

全角英数カタカナの文字列を、半角英数カタカナの文字列に変換できます。漢字やひらがななど、全角英数カタカナ以外の文字列は変換されません。

＝ASC（文字列）

❶

---

❶文字列
文字列またはセルを指定します。
※文字列で指定する場合は「"（ダブルクォーテーション）」で囲みます。

例1)
セル【A1】に全角英字で「ＥＸＣＥＬ」と入力されている場合
=ASC（A1）→ EXCEL

例2)
全角カタカナの「エクセル」を半角カタカナにする場合
=ASC（"エクセル"）→ ｴｸｾﾙ

●PHONETIC関数

指定したセルのふりがなを表示できます。この関数は「情報関数」に分類されています。

＝PHONETIC（参照）

❶

---

❶参照
ふりがなを取り出すセルまたはセル範囲を指定します。引数に直接文字列を入力することはできません。
※対象文字列のふりがなを全角カタカナで表示します。ふりがなの種類を変更する方法は、P.164を参照してください。
※セル範囲を指定したときは、範囲内の文字列のふりがなをすべて結合して表示します。

使用例

OPEN 》第9章 シート「9-3」

「**氏名**」のふりがなを半角カタカナに変換して表示します。

D4		✓ : × ✓ fx	=ASC(PHONETIC(C4))				
	A	B	C	D	E	F	G	H
1		顧客リスト						
2								
3		No.	氏名	フリガナ（半角）	住所1	住所2	職業	
4		1001	古谷 俊夫	フルヤ トシオ	渋谷区	千駄ヶ谷1-2-X	学生	
5		1002	奥田 美和	オクダ ミワ	大田区	大森南5-6-X	会社員	
6		1003	栗原 里美	クリハラ サトミ	杉並区	荻窪5-4-X	学生	

●セル【D4】に入力されている数式

=ASC(PHONETIC(C4))
　　　❶

❶氏名からふりがなを取り出すため、PHONETIC関数を入力し、引数に氏名のセル【C4】を指定する。

POINT　JIS関数（ジス）

半角英数カタカナの文字列を、全角英数カタカナの文字列に変換できます。漢字やひらがななど、半角英数カタカナ以外の文字列は変換されません。

●JIS関数

=JIS(文字列)
　　　❶

❶文字列
文字列またはセルを指定します。
※文字列で指定する場合は「"（ダブルクォーテーション）」で囲みます。

例1）
セル【A1】に半角英字で「EXCEL」と入力されている場合
=JIS(A1) → ＥＸＣＥＬ

例2）
半角カタカナの「エクセル」を全角カタカナにする場合
=JIS("エクセル") → エクセル

4 文字列の余分な空白を削除する

関数 TRIM（トリム）

TRIM関数を使うと、文字列の中の余分な空白を削除できます。文字列の先頭や末尾に挿入された空白はすべて削除されます。また、文字列内に空白が連続して含まれている場合は、空白を1つだけ残して削除されます。

●TRIM関数

＝TRIM(文字列)
　　　　　　❶

---

❶文字列
文字列またはセルを指定します。
※文字列で指定する場合は「"（ダブルクォーテーション）」で囲みます。
※単語間の空白は1つのみ残ります。空白が連続して入力してある場合は、全角と半角に関係なく前にある空白が残ります。

例)
セル範囲【A2:A5】に余分な空白が入力されている文字列がある場合

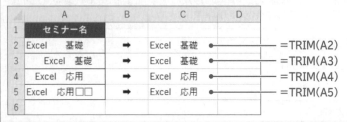

	A	B	C	D	
1	セミナー名				
2	Excel　基礎	➡	Excel 基礎 ●		＝TRIM(A2)
3	Excel　基礎	➡	Excel 基礎 ●		＝TRIM(A3)
4	Excel　応用	➡	Excel 応用 ●		＝TRIM(A4)
5	Excel　応用□□	➡	Excel 応用 ●		＝TRIM(A5)
6					

使用例

OPEN » 第9章 シート「9-4」「商品一覧表」

商品一覧表の商品名から余分な空白を削除して、商品札名を表示します。

	A	B	C	D	E
1		**商品一覧表**			
2					シート「商品一覧表」
3		商品番号	商品名	定価	
4		10N1100	清酒　月桂樹	¥1,700	
5		10N1200	清酒　　花吹雪	¥1,600	
6		10N1300	吟醸　　多主丸	¥3,000	
7		10N1400	吟醸　日本海	¥3,200	
8		10N1500	純米　　鶴亀	¥2,900	
9		10N1600	純米　　霞桜		
10		10N1700	大吟醸　　よい		
11		10N1800	大吟醸　　六海川		
12		20S1100	芋焼酎　　吉ヨム		
13		20S1200	芋焼酎　錦		
14		20S1300	芋焼酎　涼風		
15		30R1100	シャトー・ネゴロ		
16		30R1200	ラフットロート		
17		30R1300	トスカーナソアーベ		

B4　∨　：　× ✓ fx　=TRIM(商品一覧表!C4)

	A	B	C	D
1		**店舗用商品札名**		
2				
3		商品札名	定価	
4		清酒　月桂樹	¥1,700	
5		清酒　花吹雪	¥1,600	
6		吟醸　多主丸	¥3,000	
7		吟醸　日本海	¥3,200	
8		純米　鶴亀	¥2,900	
9		純米　霞桜	¥2,700	
10		大吟醸　よいちご	¥1,800	
11		大吟醸　六海川	¥4,800	
12		芋焼酎　吉ヨム	¥1,700	
13		芋焼酎　錦	¥1,600	
14		芋焼酎　涼風	¥3,800	
15		シャトー・ネゴロ	¥9,800	
16		ラフットロートシル	¥18,000	
17		トスカーナソアーベ　キャンティ	¥12,000	

● **セル【B4】に入力されている数式**

=TRIM(商品一覧表!C4)
　　　　　❶

❶余分な空白を削除する文字列として、シート**「商品一覧表」**の商品名が入力されているセル**【C4】**を指定する。

※別シートを参照する場合は「シート名!セルまたはセル範囲」で指定します。

5 セル内の改行を削除して1行で表示する

CLEAN（クリーン）

CLEAN関数を使うと、セルの中に入力されている改行を削除して、1行で表示できます。

● CLEAN関数

＝CLEAN（文字列）

　　　　　　　❶

---

❶文字列
文字列またはセルを指定します。
※文字列で指定する場合は「"（ダブルクォーテーション）」で囲みます。

（使用例）　　　　　　　　　　　　　　　　　　　　OPEN » 第9章 シート「9-5」

2行で入力されている**「取引先」**の改行を削除して、1行で表示します。

C3	✓ : × ✓ fx	=CLEAN(B3)	
	A	B	C	D
1	取引先リスト			
2	コード	取引先	取引先（1行表記）	住所
3	1001	株式会社エクセル商会 第1営業部	株式会社エクセル商会第1営業部	東京都三鷹市井の頭X-X-X
4	1002	エフオーエムシステム株式会社 システム事業部	エフオーエムシステム株式会社システム事業部	東京都世田谷区北烏山X-X-X
5	1003	江国文芸株式会社 編集事業部	江国文芸株式会社編集事業部	東京都杉並区西荻南X-X-X
6	1004	システム小金井株式会社 通信事業部	システム小金井株式会社通信事業部	東京都小金井市前原町X-X-X
7	1005	柏通信システム株式会社 情報システム部	柏通信システム株式会社情報システム部	千葉県柏市泉町X-X-X
8	1006	株式会社三好プロジェクト 制作部	株式会社三好プロジェクト制作部	千葉県浦安市高洲X-X-X
9	1007	横浜スーパーパック株式会社 第2営業部	横浜スーパーパック株式会社第2営業部	神奈川県平塚市真田X-X-X
10	1008	稲荷総合企画株式会社 ソフトウェア開発部	稲荷総合企画株式会社ソフトウェア開発部	埼玉県川越市稲荷町X-X-X
11	1009	株式会社上尾情報システム メンテナンス事業部	株式会社上尾情報システムメンテナンス事業部	埼玉県上尾市上野X-X-X
12	1010	ジー・ダイレクト株式会社 サービス事業部	ジー・ダイレクト株式会社サービス事業部	静岡県伊東市新井X-X-X
13				

関数の基礎知識

数学／三角

論理

日付・時刻

統計

検索／行列

情報

財務

文字列操作

データベース

エンジニアリング

索引

●セル【C3】に入力されている数式

$$= CLEAN(B3)$$
①

① セルの中で改行して2行で入力されている取引先のセル【B3】を指定する。

POINT 関数を使って求めた結果の利用

セルに表示されている値は、関数の計算結果を表示しているため、関数が参照しているセルを削除してしまうと、参照するデータがなくなり、エラーが表示されてしまいます。例えば、取引先へ渡す資料など、結果を求める過程で使用したデータを見せたくない場合は、関数を使って表を作成したあと、関数を入力したセルをコピーして、値として貼り付けます。その後、元のデータを削除します。

数式を値として貼り付ける方法は、次のとおりです。

◆関数が入力されているセル範囲を選択→《ホーム》タブ→《クリップボード》グループの 📋(コピー) → 📋(貼り付け)の 🔽 → 📋(値)

例)
使用例で求めた結果を値として貼り付ける場合

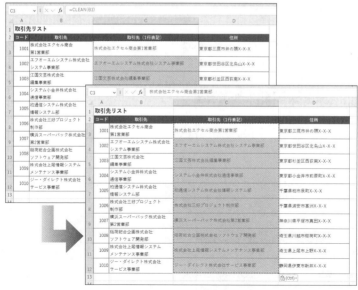

※数式バーとセルの表示が一致します。B列の「取引先」との参照関係がなくなったので、B列を削除することができます。

6 複数のセルの文字列を結合して表示する

関数 CONCAT（コンカット）

CONCAT関数を使うと、複数の文字列を結合して1つの文字列として表示できます。

● CONCAT関数

＝CONCAT（テキスト1，テキスト2，・・・）

❶

---

❶テキスト
結合する文字列またはセル範囲を指定します。
指定は結合する順番に行い、間を「，（カンマ）」で区切ります。
※文字列で指定する場合は「"（ダブルクォーテーション）」で囲みます。
※引数は最大254個まで指定できます。

例1）
「姓」と「名」の文字列を1つのセルに表示する場合

例2）
「姓」と「名」の文字列を、間に全角空白を入れて1つのセルに表示する場合

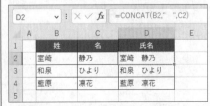

基礎知識 関数の
数学・三角
論理
日付・時刻
統計
検索・行列
情報
財務
文字列 操作
データ ベース
エンジニ アリング
索引

使用例

カテゴリーと開催日数の情報から、セミナーコードを表示します。

	B4	∨ : × ✓ fx	=CONCAT(C4,"−",D4)			

	A	B	C	D	E	F	G
1		**7月開催セミナー一覧**					
2							
3		セミナーコード	カテゴリー	開催日数	セミナー名	受講料	
4		A101−1	A101	1日	管理職のためのマネジメント研修（速習）	¥16,000	
5		A101−2	A101	2日	管理職のためのマネジメント研修	¥30,000	
6		A151−1	A151	1日	広報担当者のためのSNS活用術	¥12,000	
7		A161−1	A161	1日	実践！ワーケーション導入講座	¥16,000	
8		C301−1	C301	1日	HTML&CSS初級	¥12,000	
9		C302−1	C302	1日	HTML&CSS中級（速習）	¥13,000	
10		C302−2	C302	2日	HTML&CSS中級	¥20,000	
11		C303−1	C303	1日	HTML&CSS上級（速習）	¥14,000	
12		C303−2	C303	2日	HTML&CSS上級	¥25,000	
13		D401−1	D401	1日	簿記入門	¥18,000	
14		D402−3	D402	3日	簿記実践（速習）	¥25,000	
15		D402−5	D402	5日	簿記実践	¥35,000	
16							

● **セル【B4】に入力されている数式**

$$=CONCAT(\underset{❶}{C4},"−",D4)$$

❶ カテゴリーと開催日数を結合してセミナーコードにするため、カテゴリーのセル【C4】、文字列「−（ハイフン）」、開催日数のセル【D4】を指定する。

※開催日数のセル範囲【D4：D15】には、表示形式「#"日"」が設定されています。

7 文字列を結合して1つのセルに2行で表示する

<table>
<tr><td>関数</td><td>CONCAT（コンカット）
CHAR（キャラクター）</td></tr>
</table>

CONCAT関数にCHAR関数を組み合わせると、別々のセルに入力された文字列をつなげて、つなげた文字列と文字列の間で改行して表示できます。

● CONCAT関数

複数の文字列を結合して1つの文字列として表示できます。

$$= CONCAT(\underset{❶}{\underline{テキスト1, テキスト2, \cdots}})$$

---

❶テキスト

結合する文字列またはセル範囲を指定します。

文字列は結合する順番に指定し、「,（カンマ）」で区切って指定します。

※文字列で指定する場合は「"（ダブルクォーテーション）」で囲みます。

※引数は最大254個まで指定できます。

● CHAR関数

文字コード番号に対応する文字を表示できます。

$$= CHAR(\underset{❶}{\underline{数値}})$$

---

❶数値

文字コード番号の数値またはセルを指定します。

※文字コード番号とは、規格で定められた文字の番号のことです。

例）

様々な文字コード番号に対する文字を表示する場合

B2		：	× ✓ *fx*	=CHAR(A2)		
	A	B	C	D	E	F	G
1	番号	文字列	番号	文字列	番号	文字列	
2	41	)	61	=	66	B	
3	42	*	62	>	67	C	
4	43	+	63	?	68	D	
5	44	,	64	@	69	E	
6	45	-	65	A	70	F	

関数の
基礎知識

数学/三角

論理

日付・時刻

統計

検索/行列

情報

財務

文字列
操作

データ
ベース

エンジニ
アリング

索引

POINT CONCAT関数とCHAR関数の組み合わせ

CONCAT関数にCHAR関数を組み合わせると、文字列と文字列の間に改行を入れて2行で表示することができます。

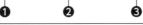

=CONCAT（1つ目の文字列, CHAR（10）, 2つ目の文字列）
　　　　　　❶　　　　　　　❷　　　　　　❸

❶文字列をつなげたときに、最初に表示する文字列を指定します。

❷CHAR関数を使って、改行を入れます。改行を表す文字コード番号は、規格で「10」と定められています。

❸改行したあとに表示する文字列を指定します。

使用例
OPEN » 第9章 シート「9-7」

「**住所1**」と「**住所2**」を結合し、「**住所1**」のうしろで改行して住所を表示します。

D3	▾ ⋮ × ✓ fx	=CONCAT(B3,CHAR(10),C3)			
	A	B	C	D	E
1	会員リスト				
2	氏名	住所1	住所2	住所	
3	麻生　瑞希	東京都青梅市天ヶ瀬町X-X-X	ロックガーデン102	東京都青梅市天ヶ瀬町X-X-X ロックガーデン102	
4	木元　涼	埼玉県上尾市上野X-X-X	アルカディア601	埼玉県上尾市上野X-X-X アルカディア601	
5	梅田　恵一	埼玉県川越市稲荷町X-X-X	アスカハイツB305	埼玉県川越市稲荷町X-X-X アスカハイツB305	
6	今井　まりあ	埼玉県川越市石田X-X-X	デイブレイク102	埼玉県川越市石田X-X-X デイブレイク102	
	浩二	県横浜市 根X-X-X	コート	神奈川県横浜市旭区白根X-X-X	

●セル【D3】に入力されている数式

=CONCAT（B3, CHAR（10）, C3）
　　　　　❶　　　　❷　　　❸

❶住所1のセル【B3】を指定する。

❷住所1と住所2の間に改行を入れるため、CHAR関数を使って、改行を表す文字コード番号「**10**」を指定する。

❸住所2のセル【C3】を指定する。

※住所のセル範囲【D3：D10】に、セルの内容を折り返して全体を表示するように設定し、確認しておきましょう。

POINT セルの折り返し

セルの内容を折り返して全体を表示する方法は、次のとおりです。

◆セルを選択→《ホーム》タブ→《配置》グループの （折り返して全体を表示する）

POINT CODE関数（コード）

CHAR関数は、文字コード番号に対応する文字を表示しますが、逆に、文字に対応する文字コード番号を調べたい場合は、CODE関数を利用します。
CHAR関数とCODE関数は互いに逆の機能を持つ関数です。

● **CODE関数**

= CODE(**文字列**)
     ❶

---

❶文字列
文字列またはセルを指定します。
※文字列で指定する場合は「"（ダブルクォーテーション）」で囲みます。

例）
英字のコード番号を求める場合

| B2 | ▼ : × ✓ *fx* | =CODE(A2) | | |

	A	B	C	D	E
1	文字列	番号	文字列	番号	
2	A	65	a	97	
3	B	66	b	98	
4	C	67	c	99	
5	X	88	x	120	
6	Y	89	y	121	
7	Z	90	z	122	
8					

※大文字の英字のコード番号は「65」から「90」まで、小文字の英字のコード番号は「97」から「122」までです。

関数の
基礎知識

数学／三角

論理

日付／時刻

統計

検索／行列

情報

財務

文字列
操作

データ
ベース

エンジニ
アリング

索引

8 区切り文字を使用して文字列を結合する

関数 TEXTJOIN（テキストジョイン）

TEXTJOIN関数を使うと、指定した区切り文字を挿入しながら、複数の数の文字列を結合して1つの文字列として表示できます。

●TEXTJOIN関数

$$=TEXTJOIN(\underset{❶}{区切り文字}, \underset{❷}{空のセルは無視}, \underset{❸}{テキスト1}, \cdots)$$

❶区切り文字
文字列の間に挿入する区切り文字を指定します。

❷空のセルは無視
「TRUE」または「FALSE」を指定します。「TRUE」を指定すると、セルが未入力の場合に区切り文字は挿入しません。「FALSE」を指定すると、セルが未入力でも区切り文字を挿入します。

❸テキスト1
結合する文字列を指定します。
※文字列で指定する場合は「"（ダブルクォーテーション）」で囲みます。

使用例 ———————————————— OPEN 》第9章 シート「9-8」

「市外局番」「市内局番」「加入者番号」をハイフンでつなげて電話番号を表示します。

	A	B	C	D	E	F	G
E3		：$\times \checkmark fx$	=TEXTJOIN("-",TRUE,B3:D3)				
2	氏名	市外局番	市内局番	加入者番号	電話番号		
3	麻生　瑞希	0428	22	XXXX	0428-22-XXXX		
4	木元　涼	048	781	XXXX	048-781-XXXX		
5	梅田　恵一	049	243	XXXX	049-243-XXXX		
6	今井　まりあ	049	229	XXXX	049-229-XXXX		

●セル【E3】に入力されている数式

$$=TEXTJOIN(\underset{❶}{"-"}, \underset{❷}{TRUE}, \underset{❸}{B3:D3})$$

❶ 文字列と文字列の間に挿入する区切り文字として「−（ハイフン）」を入力する。
❷ セルが未入力の場合は区切り文字を挿入しないため「TRUE」を指定する。
❸ 結合する文字列として、セル範囲【B3:D3】を指定する。

9 指定文字数分の文字列を取り出す

MID（ミッド）

MID関数を使うと、文字列の中の指定した位置から指定文字数分の文字列を取り出すことができます。

●MID関数

$$=MID(\underset{①}{文字列}, \underset{②}{開始位置}, \underset{③}{文字数})$$

---

①文字列
文字列またはセルを指定します。
※文字列で指定する場合は「"（ダブルクォーテーション）」で囲みます。

②開始位置
取り出す文字位置を数値またはセルで指定します。数値は文字列の先頭を1文字目として文字単位で指定します。

③文字数
取り出す文字数を数値またはセルで指定します。

例)
セル【B3】の5文字目から2文字を取り出し、色コードとしてセル【C3】に表示する場合

	A	B	C	D	E	F	G	H
1						●色コード表		
2		商品コード	色コード	商品カラー		色コード	商品カラー	
3		S01-WH-S	WH	白		BL	黒	
4		S01-YE-M	YE	黄		WH	白	
5		D02-BL-M	BL	黒		GR	緑	
6		K03-GR-L	GR	緑		YE	黄	
7								

C3　　✓　：　✕ ✓ ƒx　=MID(B3,5,2)

使用例
OPEN 》第9章 シート「9-9」

「**学籍番号**」の2文字目から4文字分を取り出して、「**入学年度**」に表示します。

C4		▼ : × ✓ *fx*	=MID(B4,2,4)				
	A	B	C	D	E	F	G
1	留学選考試験受験者一覧						
2							
3	受験番号	学籍番号	入学年度	学部名	学年	氏名	
4	1001	H2023028	2023	法学部	1	阿部　大吾	
5	1002	I2022137	2022	医学部	1	安藤　緑	
6	1003	S2022260	2022	商学部	2	遠藤　翔	
7	1004	Z2022091	2022	経済学部	2	布施　望結	
8	1005	Z2023049	2023	経済学部	1	後藤　仰樹	
9	1006	J2022021	2022	情報学部	2	長谷川　大空	
10	1007	J2022010	2022	情報学部	2	服部　峻也	
11	1008	S2023110	2023	商学部	1	本田　真央	
12	1009	H2022121	2022	法学部	2	本多　悠斗	
13	1010	N2022128	2022	農学部	2	井上　真紀	
14	1011	Z2023086	2023	経済学部	1	伊藤　祐輔	
15	1012	S2022244	2022	商学部	2	藤原　美和	
16	1013	K2023153	2023	工学部	1	加藤　蒼空	
17	1014	Z2023133	2023	経済学部	1	加藤　真子	
18	1015	H2023012	2023	法学部	1	加藤　遥	
19	1016	H2023201	2023	法学部	1	木村　龍之介	
20	1017	J2023082	2023	情報学部	1	近藤　ほのか	
21	1018	K2023113	2023	工学部	1	工藤　勝則	
22	1019	B2022327	2022	文学部	2	工藤　愛梨	
23	1020		2322	文学部			

● セル【C4】に入力されている数式

$$= MID(B4, 2, 4)$$
❶　❷❸

❶ 指定した文字数を取り出す学籍番号のセル【B4】を指定する。

❷ 2文字目から取り出すため「2」を入力する。

❸ 4文字分を取り出すため「4」を入力する。

関数	LEFT（レフト） FIND（ファインド）

文字列の左端から異なる長さの文字列を取り出す場合は、LEFT関数とFIND関数を組み合わせて使います。例えば、氏名の文字列の左端から**「姓」**を取り出したり、所属の文字列の左端から**「部門名」**を取り出したりすることができます。

●LEFT関数

文字列の左端から指定した文字数分の文字列を取り出すことができます。

＝LEFT(<u>文字列</u>, <u>文字数</u>)

　　　　❶　　　❷

❶文字列
文字列またはセルを指定します。
※文字列で指定する場合は「"（ダブルクォーテーション）」で囲みます。

❷文字数
取り出す文字数を数値またはセルで指定します。
※省略できます。省略すると「1」を指定したことになり、先頭の文字列が取り出されます。

●FIND関数

検索した文字列が何文字目にあるかを求めます。

＝FIND(<u>検索文字列</u>, <u>対象</u>, <u>開始位置</u>)

　　　　　❶　　　　　❷　　　❸

❶検索文字列
検索する文字列またはセルを指定します。
※文字列で指定する場合は「"（ダブルクォーテーション）」で囲みます。

❷対象
検索対象となる文字列またはセルを指定します。
※文字列で指定する場合は「"（ダブルクォーテーション）」で囲みます。

❸開始位置
検索を開始する位置を数値またはセルで指定します。数値は対象の先頭を1文字目として文字単位で指定します。
※省略できます。省略すると「1」を指定したことになり、先頭の文字列から検索を開始します。

使用例

OPEN ≫ 第9章 シート「9-10」

「**所属**」から部の名称を取り出して表示します。

	A	B	C	D	E	F	G
C4		fx	=LEFT(B4,FIND("部",B4))				

	A	B	C	D	E	F	G
1		社員リスト					
2							
3		所属	部	課・グループ	社員番号	氏名	
4		総務部総務課	総務部	総務課	89082	早川 孝明	
5		総務部人事課	総務部	人事課	02016	笹岡 達郎	
6		総務部人事課	総務部	人事課	95057	橋本 雅	
7		総務部経理課	総務部	経理課	06082	坂本 雅人	
8		総務部経理課	総務部	経理課	93113	根本 幸恵	
9		第1営業部公共グループ	第1営業部	公共グループ	90151	髙木 哲平	
10		第1営業部文教グループ	第1営業部	文教グループ	98035	金子 佳美	
11		第2営業部製造グループ	第2営業部	製造グループ	88102	塚本 礼	
12		第2営業部金融グループ	第2営業部	金融グループ	97134	飯塚 誠二	
13							

●セル【C4】に入力されている数式

= LEFT(B4, FIND("部", B4))
   ❶   ❷

❶指定した文字列を取り出す所属のセル【B4】を指定する。

❷FIND関数を使って、所属のセル【B4】の文字列内にある「**部**」が何文字目か
を求める。

> ### POINT RIGHT関数（ライト）
>
> 文字列の右端から指定した文字数分の文字列を取り出すことができます。
>
> **●RIGHT関数**
>
>
>
> = RIGHT(**文字列**, **文字数**)
>   ❶   ❷
>
> **❶文字列**
> 文字列またはセルを指定します。
> ※文字列で指定する場合は「"（ダブルクォーテーション）」で囲みます。
>
> **❷文字数**
> 取り出す文字数を数値またはセルで指定します。
> ※省略できます。省略すると「1」を指定したことになり、最後の文字列が取り出されます。

11 文字列を置き換える

SUBSTITUTE（サブスティテュート）

SUBSTITUTE関数を使うと、文字列を検索して、それを別の文字列に置き換えることができます。置き換える対象が複数ある場合は、何番目にある文字列を置き換えるかを指定することもできます。

●SUBSTITUTE関数

＝SUBSTITUTE(文字列, 検索文字列, 置換文字列, 置換対象)

   ❶   ❷   ❸   ❹

---

❶文字列
検索の対象となる文字列またはセルを指定します。
※文字列で指定する場合は「"（ダブルクォーテーション）」で囲みます。

❷検索文字列
検索する文字列またはセルを指定します。
※文字列で指定する場合は「"（ダブルクォーテーション）」で囲みます。
※アルファベットを指定した場合、大文字と小文字は区別しません。

❸置換文字列
置き換える文字列またはセルを指定します。
※文字列で指定する場合は「"（ダブルクォーテーション）」で囲みます。

❹置換対象
複数の検索文字列が見つかった場合、何番目の文字列を置き換えるかを数値またはセルで指定します。
※省略できます。省略するとすべての検索対象の文字列を置き換えます。

例）
セル【B3】に入力されている「①」を「基礎」に置き換えてセル【C3】に表示する場合

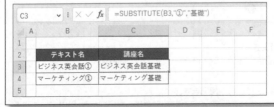

使用例

OPEN » 第9章 シート「9-11」

旧担当者の**「福井」**を新担当者の**「矢野」**に置き換えて表示します。

F6	▼ : × ✓ *fx*	=SUBSTITUTE(E6,"福井","矢野")					
	A	B	C	D	E	F	G	H
1		顧客リスト					2023年	
2								
3		担当者変更	福井→矢野					
4								
5		顧客名	顧客担当者名	電話番号	旧担当者	新担当者		
6		青木家電	田中　聡	03-3255-XXXX	田村	田村		
7		松野システム	角田　理恵	03-5401-XXXX	山田	山田		
8		タカイ企画	坂野　陽子	045-213-XXXX	沖田	沖田		
9		エフアイ機械	辻本　哲平	045-355-XXXX	福井	矢野		
10		境屋特選館	羽田　芳郎	046-861-XXXX	山田	山田		
11		夕日食品	横山　まり	03-5487-XXXX	田村	田村		
12		AINJ貿易	宍戸　美智子	045-443-XXXX	荒木	荒木		
13		赤丸福百貨店	長谷川　誠	03-3554-XXXX	福井	矢野		

●セル【F6】に入力されている数式

$$=SUBSTITUTE(\underset{❶}{E6}, \underset{❷}{"福井"}, \underset{❸}{"矢野"})$$

❶検索の対象となる旧担当者のセル**【E6】**を指定する。

❷検索する文字列**「福井」**を入力する。

❸置き換える文字列**「矢野」**を入力する。

※すべての文字列を置き換えるため、引数の「置換対象」は省略します。

POINT　指定した文字列がない場合

SUBSTITUTE関数で検索した結果、引数「検索文字列」で指定した文字列が見つからなかった場合、引数「文字列」で指定した文字列がそのまま表示されます。

POINT　SUBSTITUTE関数の組み合わせ

置換する文字列が複数ある場合、SUBSTITUTE関数の引数「文字列」にもう1つのSUBSTITUTE関数を指定して組み合わせると、一度に置換できます。

例)
「福井」を「矢野」へ、「田村」を「山中」へ置換する場合
=SUBSTITUTE(SUBSTITUTE(E6,"福井","矢野"),"田村","山中")

REPLACE（リプレース）

REPLACE関数を使うと、文字の位置と文字数を指定して、文字列の一部を別の文字に置き換えることができます。文字数の指定を省略すると、指定した位置に別の文字を挿入することができます。

● REPLACE関数

＝REPLACE(文字列, 開始位置, 文字数, 置換文字列)

   ❶   ❷   ❸   ❹

---

❶文字列
文字列またはセルを指定します。
※文字列で指定する場合は「"（ダブルクォーテーション）」で囲みます。

❷開始位置
❶の何文字目から置き換えるのかを数値またはセルで指定します。

❸文字数
何文字分置き換えるのかを数値またはセルで指定します。
※省略できます。省略すると、❷に❹を挿入します。

❹置換文字列
置き換える文字列またはセルを指定します。
※文字列で指定する場合は「"（ダブルクォーテーション）」で囲みます。
※省略できます。省略すると、❷の文字を削除します。

例）
会員コードの先頭の1文字を「M」に置き換える場合

| B3 | ⌄ | : | × ✓ fx | =REPLACE(A3,1,1,"M") | |

	A	B	C	D	E
1	会員コード データ更新				
2	会員コード	新会員コード	氏名	備考	
3	D1001	M1001	河村　若菜	デイからマスターへ	
4	N5001	M5001	多部　美幸	ナイトからマスターへ	
5	H8050	M8050	吉見　清子	ホリデーからマスターへ	
6					

関数の
基礎知識

数学/三角

論理

日付/時刻

統計

検索/行列

情報

財務

文字列
操作

データ
ベース

エンジニ
アリング

索引

POINT REPLACE関数の組み合わせ

REPLACE関数にもう1つREPLACE関数を組み合わせると、同時に2つの文字列を置き換えることができます。

$$=REPLACE(REPLACE(文字列1,開始位置1,文字数1,置換文字列1),$$
$$開始位置2,文字数2,置換文字列2)$$

文字列2

●内側のREPLACE関数

文字列1を何文字目（開始位置1）から何文字分（文字数1）置換するのかを指定し、置換文字列1に置換後の文字列を指定します。

●外側のREPLACE関数

内側のREPLACE関数で置換された文字列（文字列2）をさらに置換します。文字列2を何文字目（開始位置2）から何文字分（文字数2）置換するのかを指定し、置換文字列2に置換後の文字列を指定します。

使用例

OPEN ≫ 第9章 シート「9-12」

郵便番号の先頭に「〒」、4文字目にハイフンを挿入して表示します。

C3	✓ : × ✓ fx	=REPLACE(REPLACE(B3,4,,"-"),1,,"〒")		
	A	B	C	D	E

	氏名	郵便番号	郵便番号置換	住所1	住所2
1	**会員リスト**				
2	氏名	郵便番号	郵便番号置換	住所1	住所2
3	麻生　瑞希	1980087	〒198-0087	東京都青梅市天ヶ瀬町X-X-X	グリーンパレス102
4	鍵本　考	3430831	〒343-0831	埼玉県越谷市伊原X-X-X	
5	臼田　里美	3620034	〒362-0034	埼玉県上尾市愛宕X-X-X	
6	木元　涼	3620058	〒362-0058	埼玉県上尾市上野X-X-X	アルカディア601
7	熊本　真理子	3620002	〒362-0002	埼玉県上尾市南X-X-X	
8	梅田　恵一	3501144	〒350-1144	埼玉県川越市稲荷町X-X-X	ハイツB305
9	榎木　誠一	3501164	〒350-1164	埼玉県川越市青柳X-X-X	
10	今井　まりあ	3500837	〒350-0837	埼玉県川越市石田X-X-X	クイーンビレッジ102
11	浅田　惣一	3580027	〒358-0027	埼玉県入間市上小谷田X-X-X	
12	大町　悠一	3580023	〒358-0023	埼玉県入間市扇台X-X-X	
13	磯部　竜太	2410817	〒241-0817	神奈川県横浜市旭区今宿X-X-X	
14	大杉　浩二	2410005	〒241-0005	神奈川県横浜市旭区白根X-X-X	コート白根506
15	相田　元	2220004	〒222-0004	神奈川県横浜市港北区大曽根台X-X-X	
16	岡部　剛	2230051	〒223-0051	神奈川県横浜市港北区箕輪町X-X-X	
17	江本　正太郎	2430433	〒243-0433	神奈川県海老名市河原口X-X-X	ビルセゾン801
18	上原　拓哉	2430423	〒243-0423	神奈川県海老名市今里X-X-X	
19	岡田　幸雄	2430402	〒243-0402	神奈川県海老名市柏ヶ谷X-X-X	
20	真下　希	2790023	〒279-0023	千葉県浦安市高洲X-X-X	
21	羽鳥　清二	2790022	〒279-0022	千葉県浦安市今川X-X-X	
22	浜田　美佐子	2701173	〒270-1173	千葉県我孫子市青山X-X-X	
23	平川　愛由	2701142	〒270-1142	千葉県我孫子市泉X-X-X	トキワハイツ305

●セル【C3】に入力されている数式

= REPLACE(REPLACE(B3,4 ,, "−"),1 ,, "〒")
‎ ‎ ‎ ‎ ‎ ‎ ‎ ❶ ‎ ‎ ‎ ❷❸ ❹ ‎ ‎ ❺❻ ❼

❶REPLACE関数の文字列にREPLACE関数を組み合わせる。組み合わされた内側のREPLACE関数は、文字列に、郵便番号のセル【B3】を指定する。

❷4文字目に「−(ハイフン)」を挿入するため、内側のREPLACE関数の開始位置に「4」を指定する。

❸内側のREPLACE関数の文字数は省略する。

※文字数の指定を省略すると、文字列を挿入できます。

❹内側のREPLACE関数の置換文字列に「−(ハイフン)」を指定する。

❺組み合わせた外側のREPLACE関数の開始位置に「1」を指定する。

❻外側のREPLACE関数の文字数は省略する。

※文字数の指定を省略すると、文字列を挿入できます。

❼外側のREPLACE関数の置換文字列に「〒」を指定する。

POINT **LEN関数(レン)**

LEN関数を使うと、指定した文字列の文字数を求めることができます。全角半角に関係なく1文字を1と数えます。
LEN関数は単体で使うよりも、REPLACE関数やSUBSTITUTE関数、MID関数、LEFT関数などの関数で、文字数を指定する引数として組み合わせて使われます。

●LEN関数

=LEN(文字列)
‎ ‎ ‎ ‎ ‎ ‎ ‎ ❶

❶文字列
文字列またはセルを指定します。数字や記号、空白、句読点なども文字列に含まれます。
※文字列で指定する場合は「"(ダブルクォーテーション)」で囲みます。

例)
=LEN("神奈川県川崎市幸区大宮町1-5") → 15

関数の基礎知識

数学/三角

論理

日付/時刻

統計

検索/行列

情報

財務

文字列操作

データベース

エンジニアリング

索引

13 2つの文字列を比較する

関数 IF（イフ）
EXACT（イグザクト）

2つの文字列を比較して、一致したときの処理と異なっていたときの処理をそれぞれ指定する場合、IF関数とEXACT関数を組み合わせて使います。

● IF関数

指定した条件を満たしている場合と満たしていない場合の結果を表示できます。この関数は「論理関数」に分類されています。

$$= IF（論理式, 値が真の場合, 値が偽の場合）$$

 ❶   ❷   ❸

---

❶論理式
判断の基準となる数式を指定します。

❷値が真の場合
❶の結果が真の場合の処理を数値または数式、文字列で指定します。

❸値が偽の場合
❶の結果が偽の場合の処理を数値または数式、文字列で指定します。
※❷❸を文字列で指定する場合は「"（ダブルクォーテーション）」で囲みます。

● EXACT関数

2つの文字列を比較して、等しいかどうかを調べることができます。等しい場合は「TRUE」を返し、等しくない場合は「FALSE」を返します。

$$= EXACT（文字列1, 文字列2）$$

 ❶   ❷

---

❶文字列1
文字列またはセルを指定します。
※文字列で指定する場合は「"（ダブルクォーテーション）」で囲みます。

❷文字列2
文字列1と比較する文字列またはセルを指定します。
※文字列で指定する場合は「"（ダブルクォーテーション）」で囲みます。

「**第1回検査**」と「**第2回検査**」の値が一致している場合は、「**フラグ**」に第1回検査の結果を表示し、一致しない場合は「**再検査**」を表示します。

| F4 | ✓ : × ✓ fx | =IF(EXACT(D4,E4),D4,"再検査") |

	A	B	C	D	E	F	G
1		**試作パーツ品質検査結果**					
2							
3		カテゴリ	型番	第1回検査	第2回検査	フラグ	
4		ネジ	R1-0252	合格	合格	合格	
5		ネジ	R1-0350	合格	合格	合格	
6		ネジ	R1-0355	不合格	合格	再検査	
7		ナット	EJR-T004	合格	不合格	再検査	
8		ナット	EJR-T105	不合格	不合格	不合格	
9		ボルト	EJR-T120	合格	合格	合格	
10		シャフト	UT-13	合格	合格	合格	
11		シャフト	UT-15	合格	合格	合格	
12		リベット	CO-84CW-5	合格	不合格	再検査	
13		リベット	CO-90CW-5	合格	合格	合格	
14							

● セル【F4】に入力されている数式

= IF(EXACT(D4,E4),D4,"再検査")
     ❶   ❷   ❸

❶ EXACT関数を使って、「**第1回検査のセル【D4】と第2回検査のセル【E4】が等しい**」という条件を入力する。

❷ 条件を満たしている場合に表示する内容として、セル【D4】を指定する。

❸ 条件を満たしていない場合に表示する文字列「**再検査**」を入力する。

第 10 章

データベース関数

関数 DSUM（ディーサム）

DSUM関数を使うと、複数の条件に一致する行をデータベースから探し出し、指定した列の合計を求めることができます。フィルターモードにしなくても、条件に一致するデータの合計を求めることができます。

●DSUM関数

=DSUM(データベース, フィールド, 条件)

---

❶データベース
検索対象となるセル範囲を指定します。

❷フィールド
計算対象となる列を指定します。列番号または文字列、項目名が入力されているセルを指定します。
※文字列で指定する場合は、項目名を「"（ダブルクォーテーション）」で囲んで指定します。
※列番号で指定する場合は、❶の左端列から「1」「2」…と数えて指定します。

❸条件
検索条件のセル範囲を項目名を含めて指定します。
※❸の項目名は❶の項目名と一致させます。
※条件にはAND条件とOR条件を指定できます。AND条件を指定する場合は1行内に条件を入力し、OR条件を指定する場合は行を変えて条件を入力します。
※条件にはワイルドカードが使えます。

POINT　ワイルドカードを使った検索

曖昧な条件を設定する場合、「ワイルドカード」を使って条件を入力できます。

ワイルドカード	意味
？（疑問符）	同じ位置にある任意の1文字
＊（アスタリスク）	同じ位置にある任意の文字数の文字列

※通常の文字として「？」や「＊」を検索する場合は、「~?」のように「~（チルダ）」を付けます。

使用例

OPEN ≫ 第10章 シート「10-1」

セミナー開催状況の表からセミナー**「日本料理入門」**を検索し、受講者数の合計を求めます。

	F21		: × ✓ fx	=DSUM(B3:J16,H3,B18:J19)						
	A	B	C	D	E	F	G	H	I	J	K
1		料理セミナー開催状況									
2											
3		No.	開催日	地区	セミナー名	受講料	定員	受講者数	受講率	売上金額	
4		1	7月6日(木)	東京	日本料理入門	¥3,800	20	18	90%	¥68,400	
5		2	7月7日(金)	東京	日本料理応用	¥5,500	20	15	75%	¥82,500	
6		3	7月10日(月)	東京	洋菓子専科	¥3,500	20	14	70%	¥49,000	
7		4	7月11日(火)	大阪	フランス料理入門	¥4,000	15	15	100%	¥60,000	
8		5	7月12日(水)	東京	イタリア料理入門	¥3,000	20	20	100%	¥60,000	
9		6	7月13日(木)	東京	イタリア料理応用	¥4,000	20	16	80%	¥64,000	
10		7	7月14日(金)	大阪	フランス料理応用	¥5,000	15	14	93%	¥70,000	
11		8	7月18日(火)	大阪	中華料理入門	¥3,500	15	7	47%	¥24,500	
12		9	7月19日(水)	福岡	イタリア料理入門	¥3,000	14	7	50%	¥21,000	
13		10	7月20日(木)	東京	中華料理応用	¥5,000	20	14	70%	¥70,000	
14		11	7月21日(金)	福岡	イタリア料理応用	¥4,000	14	6	43%	¥24,000	
15		12	7月24日(月)	東京	日本料理入門	¥3,800	20	19	95%	¥72,200	
16		13	7月25日(火)	東京	日本料理応用	¥5,500	20	18	90%	¥99,000	
17											
18		No.	開催日	地区	セミナー名	受講料	定員	受講者数	受講率	売上金額	
19					日本料理入門						
20											
21			日本料理入門の受講者数合計			37					
22											

●**セル【F21】に入力されている数式**

$$=DSUM(\underset{❶}{B3:J16},\underset{❷}{H3},\underset{❸}{B18:J19})$$

❶検索対象として、セル範囲**【B3:J16】**を指定する。
❷条件に一致するデータの合計を求めるフィールドに**「受講者数」**のセル**【H3】**を指定する。
❸検索条件として、セル範囲**【B18:J19】**を指定する。

2 条件を満たす行から指定した列の数値を平均する

<table><tr><td>関数</td></tr></table>**DAVERAGE（ディーアベレージ）**

DAVERAGE関数を使うと、複数の条件に一致する行をデータベースから探し出し、指定した列の平均を求めることができます。フィルターモードにしなくても、条件に一致するデータの平均を求めることができます。

● **DAVERAGE関数**

=DAVERAGE（データベース, フィールド, 条件）

---

❶データベース
検索対象となるセル範囲を指定します。

❷フィールド
計算対象となる列を指定します。列番号または文字列、項目名が入力されているセルを指定します。
※文字列で指定する場合は、項目名を「"（ダブルクォーテーション）」で囲んで指定します。
※列番号で指定する場合は、❶の左端列から「1」「2」…と数えて指定します。

❸条件
検索条件のセル範囲を項目名を含めて指定します。
※❸の項目名は❶の項目名と一致させます。
※条件にはAND条件とOR条件を指定できます。AND条件を指定する場合は1行内に条件を入力し、OR条件を指定する場合は行を変えて条件を入力します。
※条件にはワイルドカードが使えます。

セミナー開催状況の表から大阪地区を検索し、受講率の平均を求めます。

F21		▼ : ✕ ✓ *fx*	=DAVERAGE(B3:J16,I3,B18:J19)							
A	B	C	D	E	F	G	H	I	J	K

料理セミナー開催状況

No.	開催日	地区	セミナー名	受講料	定員	受講者数	受講率	売上金額
1	7月6日(木)	東京	日本料理入門	¥3,800	20	18	90%	¥68,400
2	7月7日(金)	東京	日本料理応用	¥5,500	20	15	75%	¥82,500
3	7月10日(月)	東京	洋菓子専科	¥3,500	20	14	70%	¥49,000
4	7月11日(火)	大阪	フランス料理入門	¥4,000	15	15	100%	¥60,000
5	7月12日(水)	東京	イタリア料理入門	¥3,000	20	20	100%	¥60,000
6	7月13日(木)	東京	イタリア料理応用	¥4,000	20	16	80%	¥64,000
7	7月14日(金)	大阪	フランス料理応用	¥5,000	15	14	93%	¥70,000
8	7月18日(火)	大阪	中華料理入門	¥3,500	15	7	47%	¥24,500
9	7月19日(水)	福岡	イタリア料理入門	¥3,000	14	7	50%	¥21,000
10	7月20日(木)	東京	中華料理応用	¥5,000	20	14	70%	¥70,000
11	7月21日(金)	福岡	イタリア料理応用	¥4,000	14	6	43%	¥24,000
12	7月24日(月)	東京	日本料理入門	¥3,800	20	19	95%	¥72,200
13	7月25日(火)	東京	日本料理応用	¥5,500	20	18	90%	¥99,000

No.	開催日	地区	セミナー名	受講料	定員	受講者数	受講率	売上金額
		大阪						

大阪地区の平均受講率	80%

●セル【F21】に入力されている数式

$$= DAVERAGE(\underset{\text{❶}}{B3:J16}, \underset{\text{❷}}{I3}, \underset{\text{❸}}{B18:J19})$$

❶検索対象として、セル範囲**【B3:J16】**を指定する。

❷条件に一致するデータの平均を求めるフィールドに「**受講率**」のセル**【I3】**を指定する。

❸検索条件として、セル範囲**【B18:J19】**を指定する。

関数の
基礎知識

数学/三角

論理

日付・時刻

統計

検索/行列

情報

財務

文字列
操作

データベース

エンジニアリング

索引

3 条件を満たす行から指定した列のセルの個数を求める

DCOUNTA（ディーカウントエー）

DCOUNTA関数を使うと、複数の条件に一致する行をデータベースから探し出し、指定した列にある空白セル以外のセルの個数を求めることができます。フィルターモードにしなくても、条件に一致するセルの個数を求めることができます。

● DCOUNTA関数

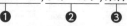

= DCOUNTA(**データベース**, **フィールド**, **条件**)
　　　　　　　❶　　　　　　❷　　　　❸

---

❶ データベース
検索対象となるセル範囲を指定します。

❷ フィールド
計算対象となる列を指定します。列番号または文字列、項目名が入力されているセルを指定します。
※文字列で指定する場合は、項目名を「"（ダブルクォーテーション）」で囲んで指定します。
※列番号で指定する場合は、❶の左端列から「1」「2」…と数えて指定します。

❸ 条件
検索条件のセル範囲を項目名を含めて指定します。
※❸の項目名は❶の項目名と一致させます。
※条件にはAND条件とOR条件を指定できます。AND条件を指定する場合は1行内に条件を入力し、OR条件を指定する場合は行を変えて条件を入力します。
※条件にはワイルドカードが使えます。

使用例

OPEN » 第10章 シート「10-3」

セミナー開催状況の表から東京地区を検索し、開催されたセミナーの回数（中止された回は除く）を求めます。

F21		▼ : × ✓ ƒx	=DCOUNTA(B3:J16,H3,B18:J19)							
	A B	C	D	E	F	G	H	I	J	K
1	料理セミナー開催状況									
2										
3	No.	開催日	地区	セミナー名	受講料	定員	受講者数	受講率	売上金額	
4	1	5月11日(木)	東京	日本料理入門	¥3,800	20	15	75%	¥57,000	
5	2	5月12日(金)	東京	日本料理応用	¥5,500	20	13	65%	¥71,500	
6	3	5月15日(月)	東京	洋菓子専科	¥3,500	20	18	90%	¥63,000	
7	4	5月16日(火)	大阪	フランス料理入門	¥4,000	15	12	80%	¥48,000	
8	5	5月17日(水)	東京	イタリア料理入門	¥3,000	20	19	95%	¥57,000	
9	6	5月18日(木)	東京	イタリア料理応用	¥4,000	20		0%	¥0	中止
10	7	5月19日(金)	大阪	フランス料理応用	¥5,000	15	13	87%	¥65,000	
11	8	5月22日(月)	大阪	中華料理入門	¥3,500	15	8	53%	¥28,000	
12	9	5月23日(火)	福岡	イタリア料理入門	¥3,000	14	9	64%	¥27,000	
13	10	5月24日(水)	東京	中華料理応用	¥5,000	20		0%	¥0	中止
14	11	5月25日(木)	福岡	イタリア料理応用	¥4,000	14		0%	¥0	中止
15	12	5月26日(金)	東京	日本料理入門	¥3,800	20	15	75%	¥57,000	
16	13	5月29日(月)	東京	日本料理応用	¥5,500	20	14	70%	¥77,000	
17										
18	No.	開催日	地区	セミナー名	受講料	定員	受講者数	受講率	売上金額	
19			東京							
20										
21	東京で開催されたセミナー数				6					
22										

● **セル【F21】に入力されている数式**

$$= DCOUNTA(\underset{❶}{B3:J16}, \underset{❷}{H3}, \underset{❸}{B18:J19})$$

❶検索対象として、セル範囲**【B3:J16】**を指定する。

❷条件に一致するセルの個数を求めるフィールドに「**受講者数**」のセル**【H3】**を指定する。

※中止になった回は受講者数が空白になっているため、「受講者数」の欄で開催されたセミナーの回数を求めます。

❸検索条件として、セル範囲**【B18:J19】**を指定する。

複数の条件に一致する行をデータベースから探し出し、指定した列にある空白セルや文字列以外のセルの個数を求めることができます。フィルターモードにしなくても、条件に一致するセルの個数を簡単に求めることができます。

● DCOUNT関数

$=$ DCOUNT（データベース，フィールド，条件）
❶   ❷   ❸

---

❶データベース
検索対象となるセル範囲を指定します。

❷フィールド
計算対象となる列を指定します。列番号または文字列、項目名が入力されているセルを指定します。
※文字列で指定する場合は、項目名を「"（ダブルクォーテーション）」で囲んで指定します。
※列番号で指定する場合は、❶の左端列から「1」「2」…と数えて指定します。

❸条件
検索条件のセル範囲を項目名を含めて指定します。
※❸の項目名は❶の項目名と一致させます。
※条件にはAND条件とOR条件を指定できます。AND条件を指定する場合は1行内に条件を入力し、OR条件を指定する場合は行を変えて条件を入力します。
※条件にはワイルドカードが使えます。

4 条件を満たす行から指定した列のデータを表示する

関数 **DGET（ディーゲット）**

DGET関数を使うと、複数の条件に完全に一致する行（1行）をデータベースから探し出し、指定した列の値を求めることができます。フィルターモードにしなくても、条件に一致するデータの値を簡単に求めることができます。

● DGET関数

= DGET（データベース, フィールド, 条件）
　　　　　 ❶　　　　 ❷　　　 ❸

❶ データベース
検索対象となるセル範囲を指定します。

❷ フィールド
計算対象となる列を指定します。列番号または文字列、項目名が入力されているセルを指定します。
※文字列で指定する場合は、項目名を「"（ダブルクォーテーション）」で囲んで指定します。
※列番号で指定する場合は、❶の左端列から「1」「2」…と数えて指定します。

❸ 条件
検索条件のセル範囲を項目名を含めて指定します。
※❸の項目名は❶の項目名と一致させます。
※条件にはAND条件とOR条件を指定できます。AND条件を指定する場合は1行内に条件を入力し、OR条件を指定する場合は行を変えて条件を入力します。
※条件にはワイルドカードが使えます。

POINT 条件に一致する行が1行以外の場合

条件に一致する行が複数行ある場合は、エラー値「#NUM!」が返されます。条件に一致する行が1行もない場合は、エラー値「#VALUE!」が返されます。

セミナー開催状況の表から定員が20名で、受講率が95%より多いセミナーを検索し、セミナー名を表示します。

| F21 | | : | × ✓ fx | =DGET(B3:J16,E3,B18:J19) | | | | | | |

<table>
<tr><td></td><td>A</td><td>B</td><td>C</td><td>D</td><td>E</td><td>F</td><td>G</td><td>H</td><td>I</td><td>J</td><td>K</td></tr>
<tr><td>1</td><td></td><td colspan="4">料理セミナー開催状況</td><td></td><td></td><td></td><td></td><td></td><td></td></tr>
<tr><td>2</td><td></td><td></td><td></td><td></td><td></td><td></td><td></td><td></td><td></td><td></td><td></td></tr>
<tr><td>3</td><td></td><td>No.</td><td>開催日</td><td>地区</td><td>セミナー名</td><td>受講料</td><td>定員</td><td>受講者数</td><td>受講率</td><td>売上金額</td><td></td></tr>
<tr><td>4</td><td></td><td>1</td><td>7月6日(木)</td><td>東京</td><td>日本料理入門</td><td>¥3,800</td><td>20</td><td>18</td><td>90%</td><td>¥68,400</td><td></td></tr>
<tr><td>5</td><td></td><td>2</td><td>7月7日(金)</td><td>東京</td><td>日本料理応用</td><td>¥5,500</td><td>20</td><td>15</td><td>75%</td><td>¥82,500</td><td></td></tr>
<tr><td>6</td><td></td><td>3</td><td>7月10日(月)</td><td>東京</td><td>洋菓子専科</td><td>¥3,500</td><td>20</td><td>14</td><td>70%</td><td>¥49,000</td><td></td></tr>
<tr><td>7</td><td></td><td>4</td><td>7月11日(火)</td><td>大阪</td><td>フランス料理入門</td><td>¥4,000</td><td>15</td><td>15</td><td>100%</td><td>¥60,000</td><td></td></tr>
<tr><td>8</td><td></td><td>5</td><td>7月12日(水)</td><td>東京</td><td>イタリア料理入門</td><td>¥3,000</td><td>20</td><td>20</td><td>100%</td><td>¥60,000</td><td></td></tr>
<tr><td>9</td><td></td><td>6</td><td>7月13日(木)</td><td>東京</td><td>イタリア料理応用</td><td>¥4,000</td><td>20</td><td>16</td><td>80%</td><td>¥64,000</td><td></td></tr>
<tr><td>10</td><td></td><td>7</td><td>7月14日(金)</td><td>大阪</td><td>フランス料理応用</td><td>¥5,000</td><td>15</td><td>14</td><td>93%</td><td>¥70,000</td><td></td></tr>
<tr><td>11</td><td></td><td>8</td><td>7月18日(火)</td><td>大阪</td><td>中華料理入門</td><td>¥3,500</td><td>15</td><td>7</td><td>47%</td><td>¥24,500</td><td></td></tr>
<tr><td>12</td><td></td><td>9</td><td>7月19日(水)</td><td>福岡</td><td>イタリア料理入門</td><td>¥3,000</td><td>14</td><td>7</td><td>50%</td><td>¥21,000</td><td></td></tr>
<tr><td>13</td><td></td><td>10</td><td>7月20日(木)</td><td>東京</td><td>中華料理応用</td><td>¥5,000</td><td>20</td><td>14</td><td>70%</td><td>¥70,000</td><td></td></tr>
<tr><td>14</td><td></td><td>11</td><td>7月21日(金)</td><td>福岡</td><td>イタリア料理応用</td><td>¥4,000</td><td>14</td><td>6</td><td>43%</td><td>¥24,000</td><td></td></tr>
<tr><td>15</td><td></td><td>12</td><td>7月24日(月)</td><td>東京</td><td>日本料理入門</td><td>¥3,800</td><td>20</td><td>19</td><td>95%</td><td>¥72,200</td><td></td></tr>
<tr><td>16</td><td></td><td>13</td><td>7月25日(火)</td><td>東京</td><td>日本料理応用</td><td>¥5,500</td><td>20</td><td>18</td><td>90%</td><td>¥99,000</td><td></td></tr>
<tr><td>17</td><td></td><td></td><td></td><td></td><td></td><td></td><td></td><td></td><td></td><td></td><td></td></tr>
<tr><td>18</td><td></td><td>No.</td><td>開催日</td><td>地区</td><td>セミナー名</td><td>受講料</td><td>定員</td><td>受講者数</td><td>受講率</td><td>売上金額</td><td></td></tr>
<tr><td>19</td><td></td><td></td><td></td><td></td><td></td><td></td><td>20</td><td></td><td>>0.95</td><td></td><td></td></tr>
<tr><td>20</td><td></td><td></td><td></td><td></td><td></td><td></td><td></td><td></td><td></td><td></td><td></td></tr>
<tr><td>21</td><td></td><td colspan="4">定員：20名、受講率：95%より多いセミナー名</td><td colspan="2">イタリア料理入門</td><td></td><td></td><td></td><td></td></tr>
<tr><td>22</td><td></td><td></td><td></td><td></td><td></td><td></td><td></td><td></td><td></td><td></td><td></td></tr>
</table>

●セル【F21】に入力されている数式

=DGET(B3:J16, E3, B18:J19)
     ❶   ❷   ❸

❶検索対象として、セル範囲【B3:J16】を指定する。

❷条件に一致するデータの値を求めるフィールドに「セミナー名」のセル【E3】を指定する。

❸検索条件として、セル範囲【B18:J19】を指定する。

第 11 章

エンジニアリング関数

面積の単位を変換する

CONVERT（コンバート）
SQRT（スクエアルート）

CONVERT関数とSQRT関数を組み合わせると、形がわからない面積の単位を変換することができます。形がわからなくても正方形とみなせば、面積の平方根が一辺の長さとなります。この平方根をSQRT関数で求め、長さの単位の変換にはCONVERT関数を利用します。

● CONVERT関数

数値の単位を別の単位に変換したときの換算値を求めます。

$$= \text{CONVERT}(\underset{❶}{\text{数値}}, \underset{❷}{\text{変換前単位}}, \underset{❸}{\text{変換後単位}})$$

---

❶数値
数値またはセルを指定します。

❷変換前単位
前後に「"（ダブルクォーテーション）」を付けて、数値の単位を表す記号を入力します。

❸変換後単位
前後に「"（ダブルクォーテーション）」を付けて、変換したい単位を表す記号を入力します。
※❷と❸は同じ種類（長さや重さなど）の単位を指定します。

例)
ヤード単位をメートル単位の数値に変換する場合
=CONVERT（100, "yd", "m"） → 91.44

● SQRT関数

数値の正の平方根を求めます。平方根とは、2乗すると、もとの数値になる数のことです。この関数は「数学/三角関数」に分類されています。

$$= \text{SQRT}(\underset{❶}{\text{数値}})$$

---

❶数値
平方根を求める数値またはセルを指定します。

関数の
基礎知識

数学・三角

論理

日付・時刻

統計

検索・行列

情報

財務

文字列
操作

データ
ベース

エンジニ
アリング

索引

POINT CONVERT関数とSQRT関数の組み合わせ

=CONVERT(SQRT(面積単位の数値),変換前単位,変換後単位)^2

　　　　　　　数値

SQRT関数を使用して、面積を表す数値を正方形の面積とみなした場合の一辺の長さに換算し、この一辺の長さを変換後の単位に変換します。最後に2乗して面積の単位に戻します。

使用例

OPEN ≫ 第11章 シート「11-1」

面積の単位を㎠に変換して表示します。

C4	▼ : × ✓ fx	=CONVERT(SQRT(B4),"in","cm")^2				
	A	B	C	D	E	F
1	テニスラケットフェーズ面積換算表					
2						
3	シリーズ	面積 (in²)	面積 (cm²)			
4	DINA	100	645.16			
5	YOMME	98	632.2568			
6	YMH	87	561.2892			
7	CAWA	95	612.902			
8	KENEX	96	619.3536			
9						

●セル【C4】に入力されている数式

=CONVERT(SQRT(B4),"in","cm")^2
　　　　　❶　　　❷　　❸　　❹

❶ SQRT関数で面積のセル【B4】の平方根を求め、一辺の長さに換算した値を指定する。
❷ 変換前の単位にインチを表す「in」を指定する。
❸ 変換後の単位にセンチメートルを表す「cm」を指定する。
❹ 変換した値を面積の単位に戻すため2乗する。

CONVERT関数で変換できる単位

CONVERT関数の引数「変換前単位」と「変換後単位」を指定する場合、次の表にある「単位」と「10のべき乗」の記号を組み合わせて指定します。例えば、距離の「メートル」を表す「m」と、「10⁻²」を表す「c」を組み合わせて「cm（センチメートル）」などと指定します。なお、単位の種類をまたがる変換はできません。

● 単位の例

種類	単位名	記号
重量	グラム	g
	スラグ	sg
	ポンド	lbm
	u（原子質量単位）	u
	オンス	ozm
距離	メートル	m
	法定マイル	mi
	海里	Nmi
	インチ	in
	フィート	ft
	ヤード	yd
	オングストローム	ang
	パイカ	pica
時間	年	yr
	日	day
	時	hr
	分	mn
	秒	sec

種類	単位名	記号
エネルギー	ジュール	J
	エルグ	e
	カロリー（物理化学熱量）	c
	カロリー（生理学的代謝熱量）	cal
	電子ボルト	eV
	馬力時	HPh
	ワット時	Wh
	フィートポンド	flb
	BTU（英国熱量単位）	BTU
出力	馬力	HP
	ワット	W
磁力	テスラ	T
	ガウス	ga
温度	摂氏	C
	華氏	F
	絶対温度	K

● 10のべき乗

接頭語	読み	べき乗	記号
exa	エクサ	10^{18}	E
peta	ペタ	10^{15}	P
tera	テラ	10^{12}	T
giga	ギガ	10^{9}	G
mega	メガ	10^{6}	M
kilo	キロ	10^{3}	k
hecto	ヘクト	10^{2}	h
deka	デカ	10^{1}	e

接頭語	読み	べき乗	記号
deci	デシ	10^{-1}	d
centi	センチ	10^{-2}	c
milli	ミリ	10^{-3}	m
micro	マイクロ	10^{-6}	u
nano	ナノ	10^{-9}	n
piko	ピコ	10^{-12}	p
femto	フェムト	10^{-15}	f
atto	アト	10^{-18}	a

関数の
基礎知識

数学/三角

論理

日付・時刻

統計

検索/行列

情報

財務

文字列
操作

データ
ベース

エンジニ
アリング

索引

2 数値データを基準値と比較する

GESTEP（ジーイーステップ）
PRODUCT（プロダクト）
SUM（サム）

GESTEP関数を使うと、数値が基準値以上であるかどうかを判定できます。基準値以上なら「1」、基準値に満たない場合は「0」を表示します。
成績が基準点に達しているかどうかで合否を決めるときに役立ちます。例えば、3科目の試験の合否をそれぞれGESTEP関数で求め、全科目で合格しているかどうかの判定にPRODUCT関数を利用し、合格人数をSUM関数で求めることができます。

●GESTEP関数

数値が基準値以上であるかどうかを判定できます。

＝GESTEP(<u>数値</u>, <u>しきい値</u>)

❶数値
数値またはセルを指定します。

❷しきい値
判定のわかれ目となる基準値を、数値またはセルで指定します。
※省略できます。省略すると「0」を指定したことになります。

●PRODUCT関数

指定した範囲の数値を掛けた結果（積）を求めます。この関数は「数学/三角関数」に分類されています。

＝PRODUCT(<u>数値1, 数値2, ・・・</u>)

❶数値
積を求めるセル範囲または数値、セルを指定します。
※引数は最大255個まで指定できます。
※範囲内の文字列や空白セルは計算の対象になりません。

● SUM関数

指定した範囲の数値の合計を求めます。この関数は「数学/三角関数」に分類されています。

$$= SUM(\underset{\textbf{❶}}{数値1, 数値2, \cdots})$$

❶数値

合計を求めるセル範囲または数値を指定します。

※引数は最大255個まで指定できます。

※範囲内の文字列や空白セルは計算の対象になりません。

使用例 ──────────────────────── OPEN » 第11章 シート「11-2」

各科目が合格基準点に達しているかを判定し、その結果をもとに、全科目合格を判定します。次に、全科目の合格者数を表示します。

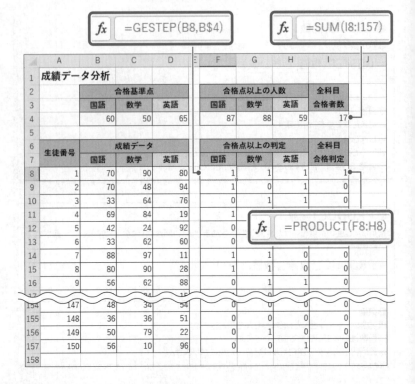

f_x =GESTEP(B8,B$4)　　f_x =SUM(I8:I157)

	A	B	C	D	E	F	G	H	I	J
1	**成績データ分析**									
2		合格基準点				合格点以上の人数			全科目	
3		国語	数学	英語		国語	数学	英語	合格者数	
4		60	50	65		87	88	59	17	
5										
6	生徒番号	成績データ				合格点以上の判定			全科目	
7		国語	数学	英語		国語	数学	英語	合格判定	
8	1	70	90	80		1	1	1	1	
9	2	70	48	94		1	0	1	0	
10	3	33	64	76		0	1	1	0	
11	4	69	84	19		1				
12	5	42	24	92		0				
13	6	33	62	60		0				
14	7	88	97	11		1	1	0	0	
15	8	80	90	28		1	1	0	0	
16	9	56	62	88		0	1	1	0	
154	147	48	34	54		0	0	0	0	
155	148	36	36	51		0	0	0	0	
156	149	50	79	22		0	1	0	0	
157	150	56	10	96		0	0	1	0	
158										

f_x =PRODUCT(F8:H8)

関数の
基礎知識

数学/三角

論理

日付/時刻

統計

検索/行列

情報

財務

文字列
操作

データ
ベース

エンジニ
アリング

索引

●セル【F8】に入力されている数式

$$= GESTEP(B8, B\$4)$$

❶ ❷

❶数値に国語の成績のセル【B8】を指定する。

❷しきい値に国語の合格基準点のセル【B4】を指定する。

※数式をコピーするため、行だけを固定する複合参照で指定します。

※合格基準点以上の場合は「1」が表示されます。

●セル【I8】に入力されている数式

$$= PRODUCT(F8:H8)$$

❶

❶各教科の合格点以上を判定したセル範囲【F8:H8】を指定する。

※合格基準点以上のセルには「1」が表示されているので、すべて合格している場合は、1×1×1
で計算結果が「1」になります。

●セル【I4】に入力されている数式

$$= SUM(I8:I157)$$

❶

❶全科目合格判定のセル範囲【I8:I157】を指定する。

※全科目合格の場合は、セルに「1」が表示されているため、合計すると全科目合格者数を求める
ことができます。

※全科目合格者数を求めるには、事前にセル【F8】をコピーして全員の各科目の合格点以上の判
定の結果を求め、また、セル【I8】をコピーして全員の全科目合格判定の結果を求めておく必要
があります。

関数	DELTA（デルタ）

DELTA関数を使うと、2つの数値を比較して等しいかどうかを判定できます。数値が等しい場合は「1」、等しくない場合は「0」を表示します。

例えば、正確さが最重視されるデータ入力では、同じデータを2人で入力して、その入力データを突き合わせてチェックすることがあります。この突き合わせにDELTA関数を利用すると、判定で「0」になった部分を修正すれば、効率よくデータを作成することができます。

●DELTA関数

$$=DELTA(\underset{\textbf{❶}}{\underline{数値1}}, \underset{\textbf{❷}}{\underline{数値2}})$$

---

❶数値1
数値またはセルを指定します。

❷数値2
数値1と比較する数値またはセルを指定します。
※省略できます。省略すると「0」を指定したことになります。

例）
解答と正解の正誤判定をする場合

	C3	✓	:	× ✓ fx	=DELTA(A3,B3)

	A	B	C	D	E
1	**正誤判定**				
2	解答	正解	正誤判定		
3	12	15	0		
4	123	123	1		
5	15	18	0		
6	-18	-18	1		
7					

使用例 ──────────────── OPEN 》 第11章 シート「11-3」「山田」「川村」

山田、川村の2名が入力した数値を比較し、一致している場合は「1」、一致していない場合は「0」を表示します。

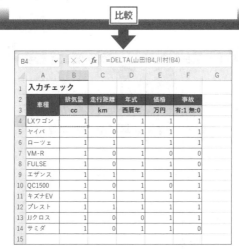

●セル【B4】に入力されている数式

| B4 | ∨ : × ✓ fx | =DELTA(山田!B4,川村!B4) |

$$=DELTA(\underset{❶}{山田!B4}, \underset{❷}{川村!B4})$$

❶数値にシート**「山田」**のセル**【B4】**を指定する。

※別シートを参照する場合は「シート名!セルまたはセル範囲」で指定します。

❷比較する数値にシート**「川村」**のセル**【B4】**を指定する。

※別シートを参照する場合は「シート名!セルまたはセル範囲」で指定します。

2つの文字列を比較する場合は、EXACT関数を使います。
※EXACT関数についてはP.221を参照してください。

例)
車種に入力した文字列を比較する場合

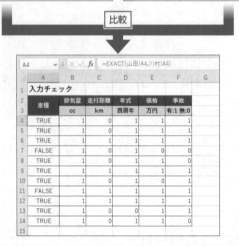

IF関数を利用しても、条件式に2つの数値が等しいかどうかを指定し、等しければ「1」、等しくなければ「0」を表示することで、DELTA関数と同じことができます。しかし、IF関数の場合は、必ず条件式を指定しなければなりません。単純にデータを比較する場合は、比較するセルを指定するだけで済むDELTA関数やEXACT関数を使うと便利です。

索引

Index

関数の基礎知識

数学／三角

論理

日付／時刻

統計

検索／行列

情報

財務

文字列操作

データベース

エンジニアリング

索引

索引 用語編

関数の基礎知識

数学／三角

論理

日付／時刻

統計

検索／行列

情報

財務

文字列操作

データベース

エンジニアリング

索引

おわりに

本書をご利用いただき、ありがとうございました。

本書では、学習用のファイルを提供しています。掲載した使用例のとおりに実際に数式を入力し、結果を出してみることで、関数の理解を深めスキルアップを図ることができます。リファレンス用途でお使いの方も、ぜひ一度お試しください。

FOM出版からはもう1冊、関数の本として「よくわかる Microsoft Excel 関数テクニック Office 2021／Microsoft 365対応」が発売中です。関数を組み合わせて使うテクニックが学べるので、本書とあわせてぜひご活用ください。Let's Challenge!!

FOM出版

FOM出版テキスト

最新情報
のご案内

FOM出版では、お客様の利用シーンに合わせて、最適なテキストをご提供するために、様々なシリーズをご用意しています。

FOM出版　　🔍検索

https://www.fom.fujitsu.com/goods/

FAQのご案内

[テキストに関する
よくあるご質問]

FOM出版テキストのお客様Q&A窓口に皆様から多く寄せられたご質問に回答を付けて掲載しています。

FOM出版　FAQ　　🔍検索

https://www.fom.fujitsu.com/goods/faq/

よくわかる これだけ覚えて！仕事がはかどる

Excel関数

Office 2021／Microsoft 365 対応

（FPT2305）

2023年7月9日　初版発行

著作／制作：株式会社富士通ラーニングメディア

発行者：青山　昌裕

発行所：FOM出版（株式会社富士通ラーニングメディア）
　　　　〒212-0014 神奈川県川崎市幸区大宮町1番地5 JR川崎タワー
　　　　https://www.fom.fujitsu.com/goods/

印刷／製本：株式会社広済堂ネクスト

●本書は、構成・文章・プログラム・画像・データなどのすべてにおいて、著作権法上の保護を受けています。
　本書の一部あるいは全部について、いかなる方法においても複写・複製など、著作権法上で規定された権利を
　侵害する行為を行うことは禁じられています。
●本書に関するご質問は、ホームページまたはメールにてお寄せください。
　＜ホームページ＞
　上記ホームページ内の「FOM出版」から「QAサポート」にアクセスし、「QAフォームのご案内」から所定のフォーム
　を選択して、必要事項をご記入の上、送信してください。
　＜メール＞
　FOM-shuppan-QA@cs.jp.fujitsu.com
　なお、次の点に関しては、あらかじめご了承ください。
　・ご質問の内容によっては、回答に日数を要する場合があります。
　・本書の範囲を超えるご質問にはお答えできません。　・電話やFAXによるご質問には一切応じておりません。
●本製品に起因してご使用者に直接または間接的損害が生じても、株式会社富士通ラーニングメディアはいかなる
　責任も負わないものとし、一切の賠償などは行わないものとします。
●本書に記載された内容などは、予告なく変更される場合があります。
●落丁・乱丁はお取り替えいたします。

©FUJITSU LEARNING MEDIA LIMITED 2023
Printed in Japan
ISBN978-4-86775-057-5